普通高等教育"十一五"国家级规划教材 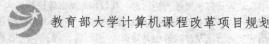 教育部大学计算机课程改革项目规划教材

数据库技术及应用

Shujuku Jishu ji Yingyong

（第 4 版）

李雁翎　编著

高等教育出版社·北京

内容提要

本书以培养计算思维能力为目标，从数据库基础理论知识入手，介绍了数据库设计、数据库对象的操作和应用、VBA 程序设计方法、SQL 语言应用、ActiveX 控件应用、数据库安全技术、数据库系统控制功能、应用开发的方法及步骤等相关知识。 同时以"漫谈"的方式介绍了计算思维与数据库技术的关联，便于轻松阅读。

本书具有以下特色。 首先是由一本主教材和基于不同实验平台（Access、SQL Server、Visual FoxPro）的三本实践教材构成"一托三"框架，立体全面，适合多种需求；其次是以一个完整的数据库应用系统贯穿全书，实例丰富，层次分明，知识点全面，通俗易懂，循序渐进，实用性强。 全书各章节配有微视频辅助教材内容的学习，既减少了阅读量，同时对一些操作性较强的内容增强了直观性。 全书提供 51 个微视频，配有 3 本不同操作平台的实践教程，用户可根据自己的需求进行实践练习，也可以从不同的需求角度，不同的侧面，全面了解数据技术应用、数据库应用系统开发的方法和步骤。

本书可作为数据库技术课程教学用书，也可作为培养"小型应用系统开发"能力的学习用书，还可作为广大计算机用户和计算机学习者的培训用书、自学用书。

图书在版编目（CIP）数据

数据库技术及应用/李雁翎编著． --4 版． --北京：高等教育出版社,2014.8（2018.3重印）

ISBN 978 - 7 - 04 - 040586 - 6

Ⅰ.①数… Ⅱ.①李… Ⅲ.①关系数据库系统 - 高等学校 - 教材 Ⅳ. ① TP311.138

中国版本图书馆 CIP 数据核字（2014）第 158899 号

策划编辑	唐德凯	责任编辑 唐德凯	特约编辑 谷玉春	封面设计	张申申
版式设计	王 莹	插图绘制 于 博	责任校对 杨凤玲	责任印制	田 甜

出版发行	高等教育出版社	网　址	http://www.hep.edu.cn
社　址	北京市西城区德外大街 4 号		http://www.hep.com.cn
邮政编码	100120	网上订购	http://www.landraco.com
印　刷	北京宏伟双华印刷有限公司		http://www.landraco.com.cn
开　本	787mm×1092mm　1/16		
印　张	13.25	版　次	2004 年 9 月第 1 版
字　数	250 千字		2014 年 8 月第 4 版
购书热线	010 - 58581118	印　次	2018 年 3 月第 2 次印刷
咨询电话	400 - 810 - 0598	定　价	22.00 元

本书如有缺页、倒页、脱页等质量问题，请到所购图书销售部门联系调换

版权所有　侵权必究

物 料 号　40586 - 00

与本书配套的数字课程资源使用说明

与本书配套的数字课程资源发布在高等教育出版社易课程网站，请登录网站后开始课程学习。

一、网站登录

1. 访问 http://abook. hep. com. cn/1870812
2. 输入数字课程账号（见封底明码）、密码、验证码
3. 单击"进入课程"
4. 开始课程学习

账号自登录之日起一年内有效，过期作废。

使用本账号如有任何问题，请发邮件至：ecourse@ pub. hep. cn。

二、资源使用

与本书配套的数字课程资源按照章的结构组织，提供与各章内容紧密配合的微视频、拓展阅读及电子教案。

1. 微视频：内容基本覆盖了各章实验的实际操作讲解，能够让学习者随时随地使用移动通信设备观看比较直观的视频讲解，方便快捷地"走进"数据库环境和"自如"地操纵数据库。这些微视频以二维码的形式在书中出现，扫描后即可观看。相应微视频资源在易课程的"微视频"栏目中也可观看。

2. 拓展阅读：针对教材中各章内容，以漫谈的形式进一步介绍计算思维与数据库技术的关联，以培养学生的计算思维能力，在教学中贯穿思维训练。

3. 电子教案：与课程和教材紧密结合的教学 PPT，可供教师下载使用，也可供学生课前预习或课后复习使用。

4. 课程大纲：介绍了各章节的重点、难点及建议学时数。

5. 知识点树：以树的形式列出了每章的知识点结构。

序

　　人类在认识世界和改造世界的活动过程中离不开思维活动。由思维活动产生了对于物质世界的理解和洞察，也促进了人类之间的交流，使人类获得了知识交流和传承的能力。因此思维的重要性是不言而喻的，而计算思维是当前一个颇受关注的涉及计算科学本质问题和未来走向的基础性概念。

　　教育部大学计算机课程教学指导委员会提出了以计算思维能力培养为导向的大学计算机基础教学改革方向，并在教育部高教司的领导下，组织实施了一系列的教学研究项目。最近一段时间，这些教学研究项目的成果不断涌现，主要体现在这三个方面：在教学资源上出版了多种面貌一新的教材，尝试在知识传授过程中渗透计算思维能力的教学目标；在教学方法上引入了诸如翻转课堂这种新的教学模式，在国内外重要的 MOOC 网站推出了若干门课程，起到很好的引领和示范作用；在教学实践上以试点方式组织了一大批高校，大范围地推进了课程改革工作，为课程改革提供了坚实的实践基础。

　　由李雁翎教授编写的"数据库技术"课程系列教材也是教指委主导的教学研究项目的重要成果。我们看到，系列教材以培养计算思维能力为目标，无论是教材体例和教材的内容都做了较大调整，具体鲜明的特色，主要体现在以下几点。

　　1. 系列教材采用"一拖三"的方式重构了教学内容：一本主教材主要讲解数据库技术的原理，不再介绍琐碎的软件细节；而用三本辅导书分别介绍三个软件平台（Access、SQL Server、Visual Foxpro）的使用方法。从而克服了"数据库技术"课程教材过分重视软件操作过程叙述、多个软件平台各自独立的缺陷。

　　2. 主教材内容由 4 个知识单元构成，在对每个知识单元的知识点进行详细讲解的同时，找出与之对应的计算思维特征点，从而构建了计算思维能力培养的框架。而且，在每个章节都加入了"计算思维漫谈"，内容易懂，信息丰富，是其一大亮点。

　　3. 三本辅导书，都是以一个完整的数据库应用系统贯穿全书，提供了丰富的操作实例，有助于读者对照实例，较快地掌握软件的操作方法与技巧。

　　4. 系列教材在高教社的协助下，采用了"纸质教材 + 数字课程"出版形式，纸质教材与丰富的数字化资源一体化设计。纸质教材内容精练适当，通过标注的方式提供了知识点与数字化资源的关联关系；数字课程包括了电子教案、微视频、在线练习题等丰富的材料。

　　总体上来看，这套教材体现了教指委倡导的教学改革思路，而且从内容到形式都有独到之处。希望这套教材能够在使用过程中不断提高，成为计算机基础教育领域的经典之作。

李廉教授

教育部大学计算机课程教学指导委员会主任委员

2014 年 6 月

前　言

大数据时代改变了人类原有的生存和发展模式，也改变了人类认识世界的方式和价值的判断方式。在这个数字化时代，数据库技术深入到了人们日常生活的每一个角落，已经成为这个时代发展与选择的背景和必要条件。

自1998年以来，作者出版的多种《数据库技术及应用》教材，一直受到众多读者的肯定，多次获得了部级、省级优秀教材和优秀教学成果的奖励，并且是国家级精品课程的配套教材。多本教材再版多次，总发行量过百万。本书是基于多年来的教学实践和教材改革经验重新改版的，无论是教材体例还是教材的内容都有了相应的改变。

本书以培养计算思维能力为目标，围绕教育部高等学校大学计算机课程教学指导委员会发布的《高等学校大学计算机基础课程教学基本要求》所给出的"数据库技术与应用"知识体系和实验体系，以数据库原理和技术为核心，尝试践行"学以致用"的理念，以配合高校计算机基础教学改革、适应新世纪教学需求，整合了已有《数据库技术及应用》教材的多操作平台各自独立的分散格局，采用"一托三"的方式重构相关的内容，即一本主教材，基于三个不同平台（Access、SQL Server、Visual Foxpro）的实践教材。

本书富有特色，其编写宗旨是逐步加强对于计算思维能力的培养，将数据库模型抽象、数据存储、数据操纵、数据查询及系统控制等具有计算思维特征的数据库理论和技术在教材中体现出来。本书对数据库课程的知识体系进行了重构，课程内容由4个知识单元构成，其每个单元包含的知识点如下图所示。

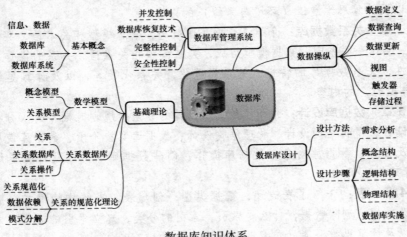

数据库知识体系

根据课程的知识体系，找出知识体系对应的计算思维特征点，并构建了课程思维框架，如下图所示。

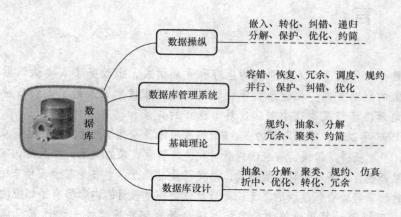

数据库课程思维框架

本书以培养学生利用数据库技术对数据和信息进行管理、加工和利用的意识与能力为目标，以数据库原理和技术的知识讲授为核心，严格筛选，精心安排教材体例和组织教材内容。本着"思维习惯并非是天生的，而是在受教育的过程中和社会因素影响下慢慢形成的，思维模式通过积极培训也是能够得到改变的"这样一个思想，以"漫谈"的方式介绍了计算思维与数据库技术的关联，便于轻松阅读，以求在数据库教学中贯穿思维训练。

全书共有 10 章，主要包括以下内容。

第 1 章　绪论：介绍了信息、数据、数据库、数据库管理系统、数据库系统等概念，数据处理发展的不同阶段，数据库系统体系结构，数据库应用系统的组成等，以及计算思维漫谈（环境与系统）的内容。

第 2 章　关系数据库：介绍了数据描述概念，概念模型相关术语，实体—联系类型，实体—联系图，数据模型组成，关系模型相关术语，关系的操作，关系的完整性，关系数据库的特性，关系规范化，关系代数等，以及计算思维漫谈（抽象与规约）的内容。

第 3 章　数据库设计：介绍了数据库设计的方法，规划时期、需求分析、概念结构设计、逻辑结构设计、物理结构设计、数据库实施阶段、数据库使用与维护任务及目标，数据库对象，数据库操作，创建数据库等，以及计算思维漫谈（数据库建模）的内容。

第 4 章　表：介绍了表概述，数据类型，创建表，表结构的维护，插入数据，修改数据，删除数据，什么是索引，索引的分类，建立索引的规则，索引操作等，以及计算思维漫谈（信息收集与发现）的内容。

第 5 章　视图：介绍了什么是视图，创建及维护视图，使用视图插入数据，使用视图更新数据，使用视图删除数据等，以及计算思维漫谈（开放视角）的内容。

第 6 章　SQL：介绍了 SQL 的特点，SQL 的功能，数据定义和数据操纵，Select 语句，集函数，简单查询，连接查询，嵌套查询等，以及计算思维漫谈（取之不尽）的内容。

第 7 章　存储过程与触发器：介绍了什么是存储过程，创建存储过程，执行存储过程，维护存储过程，什么是触发器，创建触发器，维护触发器等，以及计算思维漫谈（完整与统一）的内容。

第 8 章　数据库系统控制：介绍了安全控制级别，安全性控制的方法，用户权限管理，完整性约束，恢复技术，事务，故障及恢复，并发调度，并发调度的可串行性等，以及计算思维漫谈（控制与调度）的内容。

第 9 章　VBA 程序设计基础：介绍了标准模块，数据类型，常量，变量，函数，表达式，顺序结构语句，分支结构，循环结构，过程，自定义函数等，以及计算思维漫谈（程序艺术）的内容。

第 10 章　VBA 应用程序：介绍了用户管理窗体的设计，数据浏览窗体的设计，数据维护窗体的设计，数据查询窗体的设计，系统控制窗体的设计等，以及计算思维漫谈（系统构造）的内容。

全书配有 51 个微视频。通过这些微视频，可从不同的需求角度，不同的侧面，全面了解数据库技术应用、数据库应用系统开发的方法和步骤。

各章节配有微视频如下表所示。

各章配有微视频列表

序号	章节	微视频名称
1 – 1		Access 系统环境
1 – 2		SQL Server 系统环境
1 – 3	绪论	VFP 系统环境
1 – 4		数据库系统三级模式体系结构
1 – 5		数据库系统组成
2 – 1		差运算
2 – 2		交运算
2 – 3	关系数据库	投影运算
2 – 4		选择运算
2 – 5		除运算

续表

序号	章节	微视频名称
3－1	数据库设计	Access 创建数据库
3－2		SQL Server 创建数据库
3－3		VFP 创建数据库
3－4		Access 使用数据库
3－5		SQL Server 使用数据库
4－1	表	Access 创建表
4－2		SQL Server 创建表
4－3		VFP 数据输入
4－4		Access 数据维护
4－5		Access 创建索引
4－6		VFP 建立候选索引
4－7		SQL Server 创建聚集索引
4－8		SQL Server 删除索引
5－1	视图	SQL Server 创建视图
5－2		VFP 创建视图
5－3		VFP 多表视图
5－4		SQL Server 修改视图
5－5		SQL Server 使用视图插入数据
5－6		SQL Server 使用视图更新数据
5－7		VFP 使用视图更新数据
6－1	SQL	Access 简单查询
6－2		SQL Server 简单查询
6－3		VFP 简单查询
6－4		VFP 条件查询
6－5		VFP 分组查询
6－6		Access 等值连接查询
6－7		SQL Server 等值连接查询
6－8		Access 多表连接查询
6－9		SQL Server 多表连接查询
6－10		VFP 嵌套查询
6－11		SQL Server 嵌套查询
6－12		Access 嵌套查询

续表

序号	章节	微视频名称
7-1		SQL Server 创建用户存储过程
7-2		SQL Server 使用存储过程
7-3	存储过程与触发器	SQL Server 创建触发器
7-4		SQL Server 修改触发器
7-5		SQL Server 删除触发器
8-1	数据库系统控制	SQL Server 安全机制
10-1		Access 应用系统案例
10-2	VBA 应用程序	SQL Server 应用系统案例
10-3		VFP 应用系统案例

　　本书实例丰富，有很强的实用性。体系清晰，知识点全面，深入浅出，精编精讲，尽量将复杂的问题简单化。程序功能力求完善，设计手段尽量简捷，尤其注重使用和设计能力的培养。

　　本书由李雁翎编写。李玉、刘征、路明懿、张斯雯、郭书彤、郝佳南参与了微视频录制，在此一并致谢。

　　由于作者水平有限，难免有错误和不足之处，欢迎广大读者批评指正。

编　者
2014 年 3 月

目　录

第 1 章　绪论

当信息成为社会行为和娱乐的基础时，人们已悄然步入了信息时代。

在信息社会，信息系统越来越突显其重要性，数据库技术作为信息系统的核心技术和基础也更加被人们注目。数据库技术以及网络技术的应用与普及标志着一个国家信息化水平的高低。作为信息系统管理核心技术的数据库应用技术现在已融入国家管理、人们日常工作和生活中，进而影响着人类的价值体系、知识体系和生活方式。

目前，企业的生产流程管理、生产成本分析以及企业的决策信息依据、生产调度等大多是通过数据库技术实现的数据管理；在数字化校园中，无论是学生还是教师，或是管理者，学生信息管理、网络学习课堂、图书借阅等无不享受着信息化服务；在日常生活中，人们以一个消费者的身份去健身场馆健身，就好像身处在一个"数据库系统"之中，正在访问一个健身场馆管理及训练健身的"数据库"，"管理者"首先读取健身消费者会员卡号，再根据阅读器获取的"数据"，从会员数据库中找出会员信息，从而确定其身份和是否具有消费资格，并且要计算消费者的消费项目和消费额度等，这些操作就是"数据库应用系统"在工作。通过以上描述可见，人们对数据库应用系统并不陌生，也会随之举出一两个例子，如网络社交、通信业务管理、信用卡消费、飞机订票等。

1.1　基本概念

走进数据库应用领域，首先遇到的是信息、数据和数据库等基本概念。这些不同的概念和术语，将贯穿在数据处理的整个过程之中。掌握好这些概念和术语，对更好地学习和使用数据库管理系统有着重要的意义。这些概念是学习数据库应用技术、学习数据库管理系统软件的必备的基础知识。

本章将对有关数据库系统的基本术语给予解释，逐一讲解信息、数据、数据处理、数据库、数据库管理系统功能及数据库系统的构成等基础知识和概念。

1.1.1　信息及其特征

1. 信息

在人类社会活动中，存在各种各样的事物，每个事物都有其自身的表现特征和存在方式，并与其他事物相互关联、相互影响、相互作用。

在数据处理领域，信息（Information）可定义为人们对于客观事物属性和运动状态的反映。它所反映的是关于某一客观系统中，某一事物的存在方式或某一时刻的运动状态。也可以说，信息是经过加工处理的，对人类客观行为产生影响的，通过各种方式传播的，可被感知的数据表现形式。信息是人们在进行社会活动、经济活动及生产活动时的产物，并用以参与指导其活动过程。信息是有价值的，是可以被感知的。

信息既可以通过载体传递，也可以通过信息处理工具进行存储、加工、传播、再生和增值。

在信息社会中，信息可与物质或能量相提并论，它是一种重要的资源。

2. 信息的特征

（1）信息的内容是关于客观事物或思想方面的知识，即信息的内容能反映已存在的客观事实，能预测未发生事物的状态，还能用于指挥控制事物发展的决策。

（2）信息是有用的，它是人们活动的必需知识，利用信息能够克服工作中的盲目性，增加主动性和科学性。

（3）信息能够在空间和时间上被传递，在空间上传递信息称为信息通信，在时间上传递信息称为信息存储。

（4）信息需要一定的形式表示，信息与其表现符号不可分。

1.1.2　数据

1. 数据

数据（Data）是反映客观事物存在方式和运动状态的记录，是信息的载体。对客观事物属性和运动状态的记录是用一定的符号来表达的，因此说数据是信息的具体表现形式。数据所反映的事物是它的内容，而符号是它的形式。

数据表现信息的形式是多种多样的，不仅有数字、文字符号，还可以有图形、图像、音频、视频文件等。用数据记录同一信息可以有不同的形式，信息不会随着数据形式的不同而改变其内容和价值。具体地，用数据符号表示信息，可将其定义成许多种类型，常见的有 3 种类型：其一为数值型数据，即对客观事物进行定量记录的符号，如数量、年龄、价格和度数等；其二为字符型数据，即对客观事物进行定性记录的符号，如姓名、单位、地址等；其三为特殊型数据，即对客观事物进行形象特征和过程记录的符号，如音频、视频、图像等。

总之，数据与信息在概念上是有区别的。从信息处理角度看，任何事物的存在方式和运动状态都可以通过数据来表示，数据经过加工处理后，使其具有知识性并对人类活动产生作用，从而形成信息。信息是有用的数据，数据是信息的表现形式。信息是通过数据符号来传播的，数据如不具有知识性和有用性则不能称其为信息，也就没有输入计算机或数据库中进行处理的价值。

从计算机的角度看，数据泛指那些可以被计算机接受并能够被计算机处理的符号，是数据库中存储的基本对象。

2. 特征

① 数据有"型"和"值"之分；

② 数据使用受数据类型和取值范围的约束；

③ 数据具有多种表现形式；

④ 数据有明确的语义。

例如，某大学"学生档案"中的数据，可用如下形式表示。

型：（姓名，性别，出生年月，籍贯，所在系，入学时间）。

值：（李明，男，1986，江苏，计算机系，2003）。

解释：李明是个男大学生，1986年出生，江苏人，2003年考入计算机系。

3. 数据与信息的关系

数据是信息的载体，信息则是对数据加工的结果，是对数据的解释，如图1–1所示。

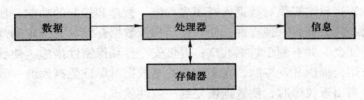

图1–1　数据与信息的关系

1.1.3　数据库

1. 数据库介绍

数据库（DataBase，DB）是数据库系统的核心部分，是数据库系统的管理对象。

所谓数据库，是以一定的组织方式将相关的数据组织在一起，长期存放在计算机内，可供多个用户共享，与应用程序彼此独立并统一管理的数据集合。

前面介绍的数据模型是对数据库如何组织的一种模型表示，在数据模型的基础上，数据库不仅存储客观事物本身的信息，还包括各事物间的联系。数据模型的主要特征在于其所表现的数据逻辑结构，因此确定数据模型就等于确定了数据间的关系，即数据库的"框架"。有了数据间的关系框架，再把表示客观事物具体特征的数据按逻辑结构输入到"框架"中，就形成了有组织结构的"数据"的"容器"。

数据库的性质是由数据模型决定的。在数据库中，如果数据的组织结构支持层次模型的特性，则该数据库为层次数据库；如果数据的组织结构支持网络模型的特性，则该数据库为网络数据库；如果数据的组织结构支持关系模型的特性，则该数据库为关系数据库；如果数据的组织结构支持面向对象模型的特性，则该数据库为面向对象数据库。

2. 特征

① 数据是按一定的数据模型组织、描述和存储的。

② 可为多用户共享。

③ 冗余度较小。

④ 数据独立性较高。

⑤ 易扩展。

1.1.4 数据库管理系统

1. 数据库管理系统介绍

数据库管理系统（DataBase Management System，DBMS）是位于用户与操作系统之间，具有数据定义、管理和操纵功能的软件集合。

数据库管理系统提供对数据库资源进行统一管理和控制的功能，使数据与应用程序隔离，让数据具有独立性；使数据结构及数据存储具有一定的规范性，减少了数据的冗余，并有利于数据共享；提供安全性和保密性措施，使数据不被破坏、不被窃用；提供并发控制，在多用户共享数据时保证数据库的一致性；提供恢复机制，当出现故障时，使数据恢复到一致性状态。

目前，使用较广的数据库管理系统很多，如 Access、SQL Server、Visual Fox-Pro、MySQL、Oracle、DB2、Sybase 等。

2. DBMS 的主要功能

DBMS 的主要功能包括以下几个方面。

① 数据定义功能。

② 数据操纵功能。

③ 数据库的运行管理功能。

④ 数据库的建立和维护功能。

3. DBMS 数据子语言

为实现数据库的统一管理，DBMS 提供了以下 3 种数据子语言。

（1）数据定义语言（Data Definition Language，DDL），用于定义数据库的各级模式（外模式、概念模式、内模式）及其相互之间的映像，定义数据的完整性约束、保密限制等约束。各种模式通过数据定义语言编译器翻译成相应的目标模式，保存在数据字典中。

（2）数据操纵语言（Data Manipulation Language，DML），用于实现对数据库中的数据进行存取、检索、插入、修改和删除等操作。

数据操纵语言一般有两种类型：一种是嵌入在 COBOL、FORTRAN、C、C++等高级语言中，不独立使用，此类语言称为宿主型语言；另一种是交互查询语言，可以独立使用并进行简单的检索、更新等操作，通常由一组命令组成，用于提取数据库中的数据，此类语言称为自主型语言，包括数据操纵语言的编译程序和解释程序。

（3）数据控制语言（Data Control Language，DCL），用于安全性和完整性控制，实现并发控制和故障恢复。数据库管理例行程序是数据库管理系统的核心部分，它包括并发控制、存取控制、完整性条件检查与执行、数据库内部维护等，数据库的所有操作都在这些控制程序的统一管理下进行，以确保数据的正确有效。

1.1.5 数据库系统

数据库系统（DataBase System，DBS）是支持数据库得以运行的基础性的系统，即整个计算机系统。数据库是数据库系统的核心和管理对象，每个具体的数据库及其数据的存储、维护，以及为应用系统提供数据支持，都是在数据库系统环境下运行完成的。

数据库系统是实现有组织、动态地存储大量相关的结构化数据、方便各类用户访问数据库的计算机软硬件资源的集合。

1.2 数据处理

进入数据库应用领域，首先遇到的是信息、数据和数据库等基本概念。这些不同的概念和术语，将贯穿在人们进行数据处理的整个过程之中。掌握好这些概念和术语，对更好地学习和使用数据库管理系统有着重要的意义。这些概念是学习数据库应用技术、学习数据库管理系统软件的必备的基础知识。

数据处理也称为信息处理。所谓数据处理，实际上就是利用计算机对各种类型的数据进行加工处理，它包括对数据的采集、整理、存储、分类、排序、检索、维护、加工、统计和传输等一系列操作过程。数据处理的目的是从人们收集的大量原始数据中，获得人们所需要的资料并提取有用的数据成分，作为人类改造客观世界的决策依据。

随着计算机软件、硬件技术的发展，数据处理规模的日益扩大，数据处理的应用需求越来越广泛，数据管理技术的发展也不断变迁，它经历了从人工管理、文件系统、数据库系统 3 个阶段。

1.2.1 人工数据处理阶段

20 世纪 50 年代中期以前，计算机主要用于数值计算。在这一阶段，计算

微视频 1-1：
Access 系统环境

微视频 1-2：
SQL Server 系统
环境

微视频 1-3：
VFP 系统环境

机硬件方面，外存储器只有卡片机、纸带机、磁带机；软件方面，没有操作系统软件和数据管理软件支持，数据处理方式基本是批处理。在这一管理方式下，应用程序与数据之间不可分割，当数据有所变动时程序则随之改变，数据的独立性差。另外，由于数据的组织是面向具体的应用，不同的程序之间数据不能共享，不同的应用存在大量的重复数据，应用程序之间数据的一致性很难保证。

在人工管理阶段应用程序与数据之间的关系如图 1-2 所示。

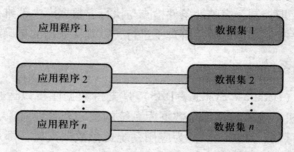

图 1-2　人工管理阶段程序与数据间的关系

在人工管理阶段，数据处理的特点包括以下几个方面。

（1）数据处理方式为批处理。

（2）程序与数据之间缺少独立性。

（3）面向应用的数据组织，数据不具有共享性，且有大量重复数据。

（4）没有支持数据管理的专门软件。

1.2.2　文件数据处理阶段

20 世纪 50 年代后期至 60 年代中后期，计算机硬件方面，有磁鼓、磁盘联机的外存储器投入使用。软件方面出现了高级语言和操作系统软件，这时计算机的应用不仅仅用于科学计算，同时也开始以“文件”的方式介入数据处理。

在这一阶段，是把有关的数据组织成数据文件，并可长期保存在大容量存储设备（如硬盘）中。由于使用专门的文件管理系统实施数据管理，应用程序与数据文件之间具有一定的独立性，同时数据的逻辑结构与物理结构之间也具有相对独立性。多个应用程序可以共享一组数据，实现了以文件为单位的数据共享。在这一阶段，数据的组织仍是面向应用程序，还存在大量的数据冗余，数据的逻辑结构修改和扩充也要改变相应的应用程序。

在文件系统阶段，应用程序与数据之间的关系如图 1-3 所示。

在文件系统阶段，数据处理的特点包括以下几个方面。

（1）数据长期保存。

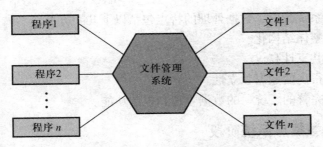

图 1-3 文件系统阶段程序与数据之间的关系

（2）应用程序与数据之间有了一定的独立性，数据文件不再只属于一个应用程序。

（3）数据文件形式多样化。

（4）仍有一定的数据冗余和数据的不一致性。

1.2.3 数据库系统阶段

进入 20 世纪 60 年代后期，随着计算机应用领域的日益发展，计算机用于数据处理的范围越来越广，数据处理的数据量越来越大，仅仅基于文件系统的数据处理技术很难满足应用领域的需求。与此同时，计算机硬件技术也在飞速发展，磁盘存储技术取得重要突破，大容量磁盘进入市场；数据处理软件环境的改善成为许多软件公司的重要投入方向。在实际需求迫切、硬件与软件竞相拓展的环境中，数据库系统应运而生。

数据库系统克服了文件系统的缺陷，对相关数据实行统一规划管理，形成一个数据中心，构成一个数据"仓库"，实现了整体数据的结构化。

在数据库系统阶段，应用程序与数据之间的关系如图 1-4 所示。

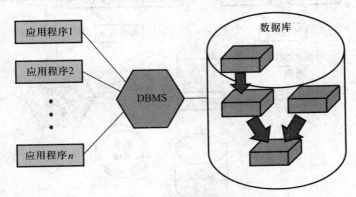

图 1-4 数据库系统阶段程序与数据之间的关系

在数据库系统阶段，数据处理的特点包括以下几个方面。

（1）数据整体结构化。

（2）数据共享性高。

（3）具有很高的数据独立性。

（4）具有完善的、统一的数据管理和控制功能。

1.2.4 高级数据库系统阶段

随着软件环境和硬件环境的不断改善，数据处理应用领域需求的持续扩大，数据库技术与其他软件技术的加速融合，到 20 世纪 80 年代，新的、更高一级的数据库技术相继出现并得到长足的发展。分布式数据库系统、面向对象数据库系统和并行数据库系统等新型数据库系统应运而生。它们带来了一个又一个数据库技术发展的新高潮，但对于中、小数据库用户来说，由于很多高级的数据库系统的专业性要求太强，通用性受到一定的限制，在很大程度上推广使用范围也受到约束。而基于关系模型的关系数据库系统功能的扩展与改善，面向对象关系数据库、数据仓库、Web 数据库、嵌入式数据库等数据库技术的出现，成为了新一代数据库系统的发展主流。

1.3 数据库系统体系结构

数据库系统在总的体系结构上具有外部级、概念级、内部级三级结构的特征，这种三级结构也称为"三级模式结构"或"数据抽象的三个级别"。

数据库系统的三级模式结构由外模式、模式和内模式组成，如图 1-5 所示。

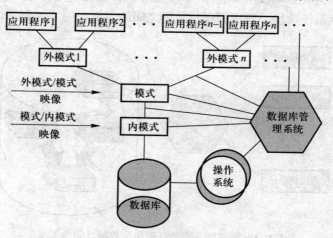

图 1-5 三级模式结构

1. 三级模式体系结构

外模式（External Schema）又称用户模式（User's Schema）或子模式（Subschema），对应于用户级，是某个或几个数据库用户所看到的数据库的数据视图。外模式是与某一应用有关的数据的逻辑结构和特征描述。对于不同的数据库用户，由于需求的不同，外模式的描述也互不相同，即使是对于概念模型相同的数据，也会产生不同的外模式。这样，一个概念模型可以有若干个外模式，每一个用户只关心与其有关的外模式，这有利于数据保护，对数据所有者和用户都极为方便。用户可以通过子模式描述语言来描述用户级数据库的记录，还可以利用数据操纵语言对这些记录进行操作。

概念模式（Conceptual Schema）又称模式（Schema）或逻辑模式（Logic Schema），它是介于内模式与外模式之间的层次，与结构数据模型对应，由数据库设计者综合各用户的数据，按照统一的观点构造的全局逻辑结构，是对数据库中全部数据的逻辑结构和特征的总体描述，是所有用户的公共数据视图。外模式涉及的是数据的局部逻辑结构，通常是概念模式的子集。概念模式是用模式描述语言来描述的，在一个数据库中只有一个概念模式，是数据库数据的公共视图。

内模式（Internal Schema）又称存储模式（Storage Schema）或物理模式（Physical Schema），是数据库中全体数据的内部表示，它描述了数据的存储方式和物理结构，即数据库的"内部视图"。"内部视图"是数据库的底层描述，定义了数据库中的各种存储记录的物理表示、存储结构与物理存取方法，如数据存储文件的结构、索引、集簇等存取方式和存取路径等。内模式虽然称为物理模式，但它的物理性质主要表现在操作系统级和文件级上，本身并不深入到设备级，仍然不是物理层，不涉及物理记录的形式。例如，不考虑具体设备的柱面与磁道大小，因此，只能说内模式是最接近物理存储的数据存储方式。内模式是用模式描述语言严格定义的，在一个数据库中只有一个内模式。

在数据库系统体系结构中，三级模式是根据所描述的三层体系结构的三个抽象层次定义的，外模式处于最外层，它反映了用户对数据库的实际要求；概念模式处于中层，它反映了设计者的数据全局的逻辑要求；内模式处于最低层，它反映数据的物理结构和存取方式。

2. 二级映射功能

数据库系统的三级模式是数据的三个级别的抽象，使用户能够逻辑地、抽象地处理数据而不必关心数据在计算机中的表示和存储。为了实现三个抽象层次间的联系和转换，数据库系统在三个模式间提供了两级映射。

外模式与概念模式间的映射功能，定义了外模式与概念模式之间的对应关

微视频1-4：
数据库系统三级
模式体系结构

系，保证了逻辑数据的独立性，即外模式不受概念模式变化的影响。

概念模式与内模式间的映射功能，定义了内模式与概念模式之间的对应关系，保证了物理数据的独立性，即概念模式不受内模式变化的影响。

1.4 数据库应用系统的组成

数据库系统的组成是在计算机系统的意义上来理解数据库系统的，它一般由支持数据库的硬件环境，数据库软件支持环境（操作系统、数据库管理系统、应用开发工具软件、应用程序等），数据库，开发、使用和管理数据库应用系统的人员组成。

1. 硬件环境

硬件环境是数据库系统的物理支撑，包括 CPU、内存、外存及输入/输出设备。由于数据库系统承担着数据管理的任务，它要在计算机操作系统的支持下工作，而且本身包含着数据库管理例行程序、应用程序等，因此要求有足够大的内存开销。同时，由于用户的数据库、系统软件和应用软件都要保存在外存储器上，所以对外存储器容量的要求也很高，还应具有较好的通道性能。

2. 软件环境

软件环境包括系统软件和应用软件两类。系统软件主要包括操作系统软件、数据库管理系统软件、开发应用系统的高级语言及其编译系统、应用系统开发的工具软件等。它们为开发应用系统提供了良好的环境，其中"数据库管理系统"是连接数据库和用户之间的纽带，是软件系统的核心。应用软件是指在数据库管理系统的基础上根据实际需要开发的应用程序。

3. 数据库

数据库是数据库系统的核心，是数据库系统的主体构成，是数据库系统的管理对象，是为用户提供数据的信息源。数据库包括两部分内容，即物理数据库和数据字典。

4. 人员

数据库系统的人员是指管理、开发和使用数据库系统的全部人员，主要包括数据库管理员、系统分析员、应用程序员和用户。不同的人员涉及不同的数据抽象级别，数据库管理员负责全面管理和控制数据库系统；系统分析员负责应用系统的需求分析和规范说明，确定系统的软硬件配置、系统的功能及数据库概念模型的设计；应用程序员负责设计应用系统的程序模块，根据数据库的外模式来编写应用程序；最终用户通过应用系统提供的用户接口界面使用数据库。常用的接口方式有菜单驱动、图形显示、表格操作等，这些接口为用户提供了简明直观的数据表示和方便快捷的操作方法。数据库设计人员负责数据库中数据的确定、数据库各级模式的设计。数据库设计人员必须参加用户需求调查和系统分析，然后进行数据库设计。在很多情况下，数据库设计人员就由数据库管理员担任。应用程序员负责设计和编写应用系统的程序模块，并进行调试和安装。

微视频 1-5：
数据库系统组成

1.5 计算思维漫谈一：环境与系统

"环境"是每个人都熟悉的名词，每个人都生存、生活在一定的"环境"背景之下。但是人们要想在不同的环境中能够生存且活得精彩，首先要熟悉环境、了解环境生态状况，才能够驾驭环境，在所处的环境中任意行走。

进行数据处理首先也要明白，所有的数据存在也都有着特定的"环境"，因此，要走进"数据库"，也首先要了解"数据处理环境"，这如同走进了一片数据的森林，走进了一座大山，一叶方舟，要了解其构成、了解其性质、了解其作用、了解其生态状况。

人们知道，特定的物种或群落的生存都取决于与其相适应的环境，环境构成了生态因素或生态因子。

大熊猫常分布在我国西南地区，一是因为大熊猫99%的食物是竹子，四川、陕西等地的箭竹是最好的可食物种；二是因为西南地区气候温凉潮湿，湿度常在80%以上，大熊猫是一种喜湿性动物，常栖于高山深谷。由于大熊猫的生存环境需求的单一性，决定了它特定的生存地域。

我国各大淡水湖每年都出产不定量的螃蟹，唯有阳澄湖的大闸蟹享誉全球，因为它生长在水草茂盛、水质清澈、饵料丰富的长江口上洄游路线最近的湖泊中，使其独有青背、白肚、金爪、黄毛四大特征，就是因为这一特定的环境使澄湖大闸蟹成为肉肥、味鲜的上好美味。

数据库管理系统正如上面所提及的物种的生存环境一样，它是能对数据库进行统一的控制和管理，并保证数据库安全性和完整性的数据处理最佳的系统环境。要想使用计算机进行数据处理，或用计算机进行大量的数据存储，一定要在数据库系统环境下进行，为此就要先了解数据库管理系统（DBMS），这个系统环境能够支持用户完成对数据的操作和管理，进行数据库的建立、使用和维护等。

"天时、地利、人和"方可成就大事，这说明做好一件事要由多元要素支持，且这些多元要素要有一个整体性最佳配比。同样一个机构、一个企业、一个学校都是由不同的职能部门组成的，每个部门都制约着整体运营，只有各职能部门有机、协调地配合，方可实现整体的最优化。

　　数据库应用系统（DBAS）是在数据库管理系统支持下建立的计算机应用系统，它是完成数据处理全过程的软硬件集合，是多元要素有机组合的全体。它主要包括数据库、数据库管理系统、数据库管理员、硬件平台、软件平台、应用软件、系统使用者等，用户若想开发"数据库应用系统软件"，就要将构成数据库应用系统的要素了解清楚，掌握设计方法、开发方法和使用方法。

本章知识点树

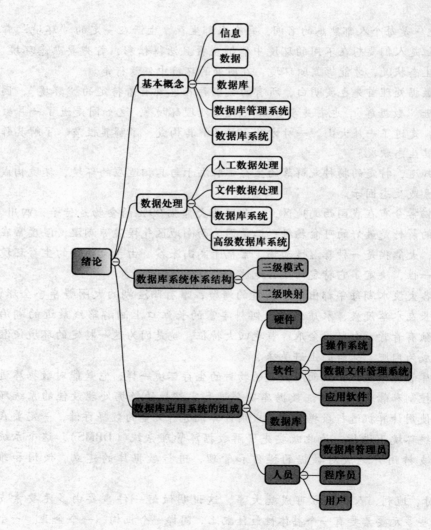

思 考 题

1. 信息和数据有什么区别?
2. 文件系统与数据库系统的主要区别是什么?
3. 有几种常用的数据模型? 它们的主要特征是什么?
4. 数据模型的三要素是什么?
5. 试述三种不同的数据范畴。
6. 什么是数据库?
7. 数据库管理系统的功能是什么?
8. 列举几款目前流行的数据库管理系统软件。
9. 试述数据库系统的体系结构。
10. 数据库应用系统的主要组成部分是什么?

第 2 章　关系数据库

　　现实世界中的客观事物是彼此相互联系的。一方面，某一事物内部的诸多因素和诸多属性根据一定的组织原则相互具有联系，构成了一个相对独立的系统；另一方面，某一事物同时也作为一个更大系统的一个要素或一种属性而存在，并与系统的其他要素或属性发生联系。客观事物的这种普遍联系性决定了作为事物属性记录符号的数据与数据之间也存在着一定的联系性，数据库的组织方式就是对这种数据与数据之间关系的抽象。本章将从数据描述讲到数据模型，详细介绍关系模型。

2.1　数据描述

　　数据描述是以"数据"符号的形式，从满足用户需求的角度出发，对客观事物属性和运动状态进行的描述。

　　数据的"描述"是从实际的人、物、事和概念中抽取所关心的共同特性，忽略非本质的细节，把这些特性用各种概念精确地加以描述，既要符合客观现实，又要适应数据库原理与结构，同时也要适应计算机原理与结构。通常用分类（Classification）、聚集（Aggregation）和概括（Generalization）方法进行数据描述。

　　进一步说，由于计算机不能够直接处理现实世界中的具体事物，所以人们必须将客观存在的具体事物进行有效的描述与刻画，转换成计算机能够处理的数据。

　　数据的转换过程可分为三个数据范畴：现实世界、信息世界和计算机世界，如图 2-1 所示。

图 2-1　三个数据范畴

1. 现实世界

　　现实世界是指客观存在的事物及其相互间的联系。在现实世界中，人们可以通过事物不同的属性和运动状态对事物加以区别，并描述事物的性质和运动规律。

2. 信息世界

信息世界是人们对客观存在的事物及其相互间的联系的反映。人们将对客观事物的反映通过"符号"记录下来，事实上是对现实世界的一种抽象描述。

在信息世界中，不是简单地对现实世界进行一种符号记录，而是要通过选择、分类、命名等抽象过程产生出概念模型，用以表示对现实世界的抽象与模拟。

3. 计算机世界

计算机世界是信息世界的数据化，是客观存在的事物及其相互间联系的反映，在这里用数据模型来表示。也就是说，计算机世界的数据模型将信息世界的概念模型进一步抽象，形成便于计算机处理的数据表现形式。

2.2 概念模型

概念模型是一种独立于计算机系统的数据模型，只是用来描绘某个特定环境下、特定系统中、特定需求对象所关心的客观存在的信息结构。

概念模型摆脱计算机系统及 DBMS 的具体技术问题，集中精力分析数据以及数据之间的联系等，与具体的 DBMS 无关。

概念模型通常用 E－R 模型、扩充的 E－R 模型来表示。

2.2.1 概述模型相关术语

1. 实体

实体（Entity）是客观存在并相互区别的"事物"。

实体可以是具体的人、事及物，也可以是抽象的概念与联系。

例如，一个学生、某个学院、一个系、某门课程、一次考试等。

2. 属性

属性（Attribute）是用于描述实体特征与性质的。

实体有若干个特性，每一个特性称为实体的一个属性，属性不能独立于实体而存在。

例如，一个学生可看成是一个实体，其属性有"学号，姓名，性别，出生年月，籍贯，班级编号"等。

3. 码

如果某个属性或某个属性集的值能够唯一地标识出实体集中的某一个实体，该属性或属性集就可称为码（Key，关键字）。作为码的属性或属性集称为主属性，反之称为非主属性。

例如，在"学生"实体集中，可以将"学号"属性作为码，若该实体集中没有重名的学生，可以将"姓名"属性作为码，若该实体集中有重名的学生，但其性别不同，可以将"姓名"和"性别"这两个属性联合作为码。

4. 域

域（Domain）是属性的取值范围。

例如，实体型为：学生（学号，姓名，性别，出生年月，籍贯，班级编号），其中学号、性别等属性的取值范围就是其属性域，学号长度不能过长，性别只能有两种状态（男或女）。

5. 实体型

实体型（Entity Type）是用实体名和属性名称集来描述同类实体的。

例如，多个学生是同类实体的集合，其实体型为：学生（学号，姓名，性别，出生年月，籍贯，班级编号）。其中，"学生"为实体名，"学号，姓名，性别，出生年月，籍贯，班级编号"为这一类实体的属性名称集，且多个学生都具有这些属性。

6. 实体集

实体集（Entity Set）是若干同类实体信息的集合。

例如，多个学生是同类实体的集合，其多个（学号，姓名，性别，出生年月，籍贯，班级编号）采集的信息的集合便是实体集。

7. 联系

联系（Relationship）是两个或两个以上的实体集间的关联关系。

实体间联系有两种：一种是同一实体集的实体之间的联系；另一种是不同实体集的实体之间的联系。前一种方式往往要转化为后一种方法来实现。

实体型间联系通常有一对一联系（1:1），一对多联系（1:n），多对多联系（$m:n$）3 种联系方式。

例如，在"学生"实体集之外，还有一个与学生相关的"班级"实体集，记录了某个学院所设置的班级状况，根据学生所在班级的情况，"学生"与"班级"两个实体集间便可构成"一对多"的联系。

2.2.2 实体—联系类型

1. 一对一联系（1:1）

设有实体集 A 与实体集 B，如果 A 中的一个实体至多与 B 中的一个实体关联，反过来，B 中的一个实体至多与 A 中的一个实体关联，称实体集 A 与实体集 B 是一对一联系类型，记作（1:1）。

2. 一对多联系（1:n）

设有实体集 A 与实体集 B，如果 A 中的一个实体与 B 中的 n 个实体关联（n

≥0）；反过来，B 中的一个实体至多与 A 中的一个实体关联，称实体集 A 与实体集 B 是一对多联系类型，记作（1:n）。

3. 多对多联系（$m:n$）

设有实体集 A 与实体集 B，如果 A 中的一个实体与 B 中的 n 个实体关联（n ≥0）；反过来，B 中的一个实体，与 A 中的 m 个实体关联（m≥0），称实体集 A 与实体集 B 是多对多联系类型，记作（$m:n$）。

2.2.3 实体—联系图

概念模型是对整个数据库组织结构的抽象定义，它是用实体—联系（Entity – Relationship）方法（简称为 E – R 方法）来描述，即通过图形描述实体集、实体属性和实体集间联系的图形。

① 用"矩形"表示实体型。

② 用"椭圆形"表示实体型属性。

③ 用"菱形"表示联系（联系本身，联系的属性）。

菱形框内写明联系名，并用"椭圆形"表示联系的属性，用无向边分别与有关实体连接起来，同时在无向边旁标上联系的类型。

（1）用"矩形"表示实体型，矩形框内要写明实体名。

例 2.1：若有"学生"、"班级"、"课程"和"系"4 个实体型，其 E – R 模型如图 2–2 所示。

图 2–2 实体型 E – R 模型示例

（2）用"椭圆形"表示属性，并用无向边将其与相应的实体型连接起来。

例 2.2：若有实体型"学生"，其实体型为：学生（学号，姓名，性别，出生年月），则 E – R 模型如图 2–3 所示。

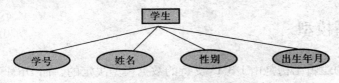

图 2–3 实体型及属性 E – R 模型示例

（3）用"菱形"表示联系，描述联系本身，联系的属性。

① 联系本身：用菱形表示，菱形框内写明联系名，并用无向边分别与有关实体连接起来，同时在无向边旁标上联系的类型。

② 联系的属性：联系本身也是一种实体型，也可以有属性。如果一个联系

具有属性，则这些属性也要用无向边与该联系连接起来。

例2.3：若有实体型（学生）、实体型（班级）、实体型（课程），3个实体型间的联系是：

"班级"与"学生"之间是"一对多"的联系。

"学生"与"课程"之间是"多对多"的联系。

3个实体型间的联系如图2-4所示。

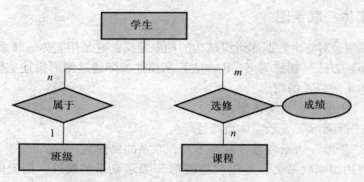

图2-4　多个实体型间的 $1:n$、$n:m$ 联系示例

例2.4：若有实体型"学生"，其包含"姓名"，若学生的姓名有多个（中文名、英文名、网名等），那么"学生"实体型中的姓名属性就存在属性间的"一对多"的联系，如图2-5所示。

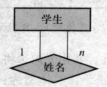

图2-5　同一实体型内部的 $1:n$ 联系示例

2.3　关系模型

数据库的逻辑结构是由DBMS支持的数据模型决定的，而DBMS支持的常用的数据模型有层次模型、网状模型、关系模型和面向对象模型。关系模型是目前最为流行的数据模型，广泛应用的数据库管理系统都是采用关系模型作为数据的组织方式。现在人们耳熟能详的SQL Server、Access、Visual FoxPro准确地说是关系数据库管理系统软件。

2.3.1 数据模型的组成

一般而言，"模型"是对客观存在的事物及其相互间的联系的抽象与模拟。

数据模型是对数据、数据间联系和约束条件的全局性描述。

数据模型是指反映客观事物及客观事物间联系的数据组织的结构和形式。客观事物是千变万化的，表现各种客观事物的数据结构和形式也是千差万别的，尽管如此，它们之间还是有其共同性的。

数据模型是面向数据库全局逻辑结构的描述，它包含 3 个要素：数据结构、数据操作和数据约束条件。数据模型实际上是数据库的"基本数据模型"或"数据结构模型"，同时它也是按数据库管理系统软件对数据进行建模，并有严格的形式化定义。

1. 层次模型

层次模型（Hierarchical Model）是数据库系统中最早采用的数据模型，它是通过从属关系结构表示数据间的联系，层次模型是有向"树"结构。其主要特征如下。

① 有且仅有一个无父结点的根结点。

② 根结点以外的子结点，向上有且仅有一个父结点，向下可有若干子结点。

2. 网状模型

网状模型（Network Model）是层次模型的扩展，它表示多个从属关系的层次结构，呈现一种交叉关系的网络结构，网状模型是有向"图"结构。其主要特征如下。

① 允许一个以上的结点无父结点。

② 一个结点可以有多于一个的父结点。

网状模型是比层次模型更具有普遍性的数据结构，层次模型是网状模型的特例。

3. 关系模型

关系模型（Relational Model）中所谓的"关系"是有特定含义的。一般来说，任何数据模型都描述一定事物数据之间的关系。层次模型描述数据之间的从属层次关系；网状模型描述数据之间的多种从属的网状关系。而关系模型的所谓"关系"虽然也适用于这种一般的理解，但同时又特指那种虽具有相关性而非从属性的按照某种平行序列排列的数据集合关系。关系模型是用"二维表"结构表示事物间的联系。

4. 面向对象模型

面向对象模型（Object Oriented Model）最基本的概念是对象（Object）和类（Class）。在面向对象模型中，对象是指客观的某一事物，其对对象的描述具有整体性、完整性，对象不仅包含描述它的数据，而且还包含对它进行操作的方法的定义，对象的外部特征与行为是封装在一起的。其中，对象的状态是该对象的属性集，对象的行为是在对象状态上操作的方法集。共享同一属性集和方法集的所有对象构成了类。

面向对象模型是用"面向对象"的观点来描述现实世界客观存在的事物的逻辑组织、对象间联系和约束的模型。它能完整地描述现实世界的数据结构，具有丰富的表达能力。由于该模型相对比较复杂，涉及的知识比较多，因此尚未达到关系模型的普及程度。

综上所述，数据模型是数据库系统设计的核心，它规范了数据库中数据的组织形式，表示了数据及数据之间的联系，数据模型的好坏直接影响数据库的性能。

层次模型和网状模型是早期的数据模型，已逐渐退出市场。由于关系模型有更为简单灵活的特点，因此目前流行的数据库软件大多使用关系模型。但是，随着信息的大量传播，现实生活中有着许多更复杂的数据结构和应用领域，对这些复杂的数据的处理，使用关系模型来描述也显得较为困难，因此，产生了面向对象模型，面向对象模型是正在发展中的具有广泛的应用开发价值的模型。

2.3.2　关系模型相关术语

数据模型由数据结构、数据操作和完整性约束 3 部分组成，关系模型同样也有这 3 要素。下面从数据模型 3 要素出发介绍关系模型相关术语。

1. 关系

数据结构是用来描述现实系统中数据的静态特性的，它不仅要描述客观存在的实体本身，还要描述实体间的联系。在概念模型的基础上转换而成的关系模型，是用二维表形式表示实体集的数据结构模型，称之为关系（Relation）。

如表 2-1 所示就是一个关系的例子。

表 2-1　学　　生

学号	姓名	性别	出生年月	籍贯	班级编号
130101	江敏敏	男	1990 - 01 - 09	内蒙古	J1011301
130102	赵盘山	男	1990 - 02 - 04	北京	J1011301
130103	刘鹏宇	男	1990 - 02 - 08	北京	J1011301
130104	李金山	女	1990 - 04 - 10	上海	J1011301
130201	罗旭候	女	1990 - 05 - 23	海南	J1011302
130202	白涛明	男	1990 - 05 - 18	上海	J1011302
130203	邓平军	女	1990 - 06 - 09	北京	J1011302
130204	周健翔	男	1990 - 02 - 09	上海	J1011302

2. 分量

元组中的一个属性值称为分量（Component）。在一个关系中，每一个数据都可看成独立的分量。

例如，（130101）数据描述了江敏敏同学的学号信息。

分量是关系的最小单位，一个关系中的全部分量构成了该关系的全部内容。

分量对应的是实体集中某个实体的某个属性"值"。

例如，学生信息表（见表2-1）中全部数据（所有分量）构成了多个学生相关的信息。

3. 元组

在一个关系中，每一横行称为一个元组（Tuple）。

若干个平行的、相对独立的元组组成了关系，每一元组由若干属性组成，横向排列的是每个元组的诸多属性。

元组对应于实体集中若干平行的、相对独立的实体，每一个实体的若干属性组即是元组的诸多属性。

例如，（130101，江敏敏，男，1990–01–09，内蒙古，J1011301）数据描述了江敏敏同学的相关信息。

4. 属性

在一个关系中，每一竖列称为一个属性（Attribute）。

属性用来表示关系的一个属性的全部信息，每一属性由若干按照某种值域（Domain）划分的相同类型的分量组成。

例如，（130101，130102，130103，130104，130201，130202，130203，130204）等数据描述了"学号"这一属性（值域）的信息。

5. 码

码（Key）又称为键，是关系模型中的一个重要概念，有以下几种。

（1）候选码：如果一个属性或属性集能唯一标识元组，且又不含有多余的属性或属性集，那么这个属性或属性集称为关系模式的码（Candidate Key）。

（2）主码：在一个关系模式中，正在使用的候选码，或由用户特别指定某一候选码，可称为关系模式的主码（Primary Key）。

在一个关系模式中，可以把能够唯一确定某一个元组的属性或属性集合（没有多余的属性）称为候选码。一个关系模式中可以有多个候选码，可从多个候选码中选出一个作为关系的主码。一个关系模式中最多只能有一个主码。

（3）外码：如果关系 R 中某个属性或属性集是其他关系模式的主码，那么该属性或属性集是 R 的外码（Foreign Key）。

例如，在"学生"这个"关系"中，"学号"可以确定某一个学生，可作为

"学生"关系的候选码，并可以作为主码。

6. 关系模式

在一个关系中，有一个关系名，同时每个属性都有一个属性名。通常把用于描述关系结构的关系名和属性名的集合称为关系模式（Schema）。

关系模式对应的是概念模型中的实体型。

例如，学生（学号，姓名，性别，出生年月，籍贯，班级编号）。

关系与实体集的对应关系术语对照如表 2-2 所示。

表 2-2　关系与实体集的对应关系术语的对照

在概念模型中	在关系模型中
实体集	关系
实体	元组
属性	属性
实体型	关系模式

7. 关系模型特性

（1）每一列中的分量是同一类型的数据，来自同一个域。

（2）不同的列可出自同一个域，其中的每一列称为一个属性，不同的属性要给予不同的属性名。

（3）列的顺序无所谓。

（4）任意两个元组不能完全相同。

（5）行的顺序无所谓。

（6）分量必须取原子值。

8. 关系模式与关系

关系模式是对关系的描述。

关系模式是静态的、稳定的，而关系是动态的、随时间不断变化的，因为关系操作在不断地更新着数据库中的数据，关系是关系模式在某一时刻的状态或内容（关系模式和关系往往统称为关系）。关系模式反映了元组集合的结构、属性构成、属性来自的域、属性与域之间的映射关系、元组语义以及完整性约束条件、属性间的数据依赖关系集合。

2.3.3　关系的操作

数据操作用于描述数据的动态特性。关系模型的数据操作是集合操作性质的，即数据操作的对象和操作结果均为若干元组，或属性集合，甚至是若干关系的操作。它包含了单个行的操作，而非关系模型的数据操作则都是单个的数据行的操作。

关系模型的数据操作主要有查询、插入、删除和修改等。

关系模型的数据操作有着强有力的理论基础，如关系代数、元组关系演算和域关系演算等。

2.3.4 关系的完整性

数据约束用于对数据本身、数据与数据间的约束。关系模型为更好地、真实地、完整地描述现实系统，提供了 3 种关系完整性约束：实体完整性（Entity Integrity）、参照完整性（Reference Integrity）、用户自定义完整性（User – Defined Integrity）。

以上的关系完整性约束实际上是用于对数据本身、数据与数据间的约束。

数据本身的约束是在对某一数据进行插入、删除、更新操作时的约束；数据间的约束是建立关联关系的两个关系的主键和外键的约束，即约束两个关联关系之间的有关删除、更新、插入操作，约束它们实现关联（级联）操作，或限制关联（限制）操作，或忽略关联（忽略）操作。

1. 实体完整性

实体完整性（Entity Integrity）：若属性 K 是基本关系 R 的主码，则属性 K 不能取空值，且不能重复。

说明：

（1）实体完整性规则是针对基本关系而言的。

（2）现实世界中的实体和实体间的联系都是可区分的，即它们具有某种唯一性标识。

（3）关系模型中以主码作为唯一性标识。

（4）主码不能取空值（空值不是 0，也不是空格，是 NULL）。

（5）主码取空值时就说明存在某个不可标识的实体，即存在不可区分的实体。

例 2.5：若有"英才大学学生信息管理系统"数据库，其中有"学生"，若确定"学号"为主码，则系统自动进行实体完整性约束检验，检验"学号"属性对应的属性值是不是为 Null（空），或是不是属性值重复，若违反了关系的实体完整性约束，则不能对"学号"进行正常操作，如图 2-6 所示。

2. 参照完整性

参照完整性（Reference Integrity）：若属性集 K 是关系模式 S 中的主码，K 也是另一个关系模式 R 的外码，那么在 R 的关系中 K 的取值只允许有两种可能：一是空值；二是 S 中某个元组的 K 值。或者说，外码必须是空值，或存在关系间引用的另一个关系的有效值。

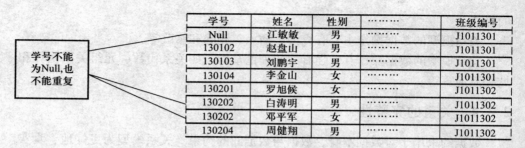

学号	姓名	性别	………	班级编号
Null	江敏敏	男	………	J1011301
130102	赵盘山	男	………	J1011301
130103	刘鹏宇	男	………	J1011301
130104	李金山	女	………	J1011301
130201	罗旭候	女	………	J1011302
130202	白涛明	男	………	J1011302
130202	邓平军	女	………	J1011302
130204	周健翔	男	………	J1011302

图 2-6 违反实体完整性约束

说明：

（1）参照完整性约束定义外码与主码之间的引用规则。

（2）当两个关系存在关系间引用时，要求不能引用不存在的元组。

（3）目标关系的主码和参照关系的外码必须定义在同一个域上，外码并不一定要与相应的主码同名。

例 2.6：在"英才大学学生信息管理系统"的数据库中，"班级"关系与"学生"关系是"一对多"的关联关系，若在"班级"关系中设"班级编号"为主键，"学生"关系中的"班级编号"为外键，若想使"班级"关系和"学生"两个关联关系满足参照完整性约束，"学生"关系中的"班级编号"必须是"班级"关系"班级编号"的有效值，否则不满足关系参照完整性约束，如图 2-7 所示。

班级编号	班级名称	………
J1011301	1301	………
J1011302	1302	………
J1011303	1303	………
J1011304	1304	………
J1021201	1201	………
J1021202	1202	………
J1021203	1203	………
J1021204	1204	………

班级编号不能是无效值

学号	姓名	性别	………	班级编号
130101	江敏敏	男	………	J1011301
130102	赵盘山	男	………	J1011301
130103	刘鹏宇	男	………	12345678
130104	李金山	女	………	J1011301
130201	罗旭候	女	………	J1011302
……	……	男	……	J1011302

图 2-7 违反参照完整性约束

3. 用户定义完整性

用户定义完整性（User – Defined Integrity）：是针对某一具体关系数据库的约

束条件，反映某一具体应用所涉及的数据必须满足的语义要求，是用户自定义完整性约束的删除约束、更新约束、插入约束。

例2.7：用户自定义完整性约束条件。在对"学生"关系进行插入数据操作时，限制姓名属性不能为 Null，若不满足此限定条件，就违反了自定义完整性约束，如图2-8所示。

学号	姓名	性别	………	班级编号
Null	江敏敏	男	………	J1011301
130102	赵盘山	男	………	J1011301
130103	刘鹏宇	男	………	J1011301
130104	Null	女	………	J1011301
130201	罗旭候	女	………	J1011302
130202	白涛明	男	………	J1011302
Null	邓平军	女	………	J1011302
130204	周健翔	男	………	J1011302

学号、姓名不能为Null

图2-8 违反用户定义完整性约束

关系完整性约束是关系设计的一个重要内容，关系的完整性要求关系中的数据及具有关联关系的数据间必须遵循的一定的制约和依存关系，以保证数据的正确性、有效性和相容性。其中，实体完整性约束和参照完整性约束是关系模型必须满足的完整性约束条件。

关系数据库管理系统为用户提供了完备的实体完整性自动检查功能，也为用户提供了设置参照完整性约束、用户自定义完整性约束的环境和手段，通过系统自身以及用户定义的约束机制，就能够充分地保证关系的准确性、完整性和相容性。

2.3.5 关系数据库的联系和主要特点

1. 关系数据库之间的联系

在一个给定的应用领域中，若干关系及关系之间联系的集合构成一个关系数据库（Relational Database）。或者说，关系数据库是由一个或一个以上的彼此关联的"关系"组成的。彼此关联着建立联系的"关系"，其中一个关系的某属性或属性集合，会被确定为另一个关系的主码，那么该属性或属性集则是关系之间联系的依据。由此可见，关系之间的联系是通过一个关系的主码和另一个关系的外码建立的。

在关系数据库中，关系模式是型，关系是值，关系模式是对关系的描述。关系数据库也有型和值之分，关系数据库的型称为关系数据库模式，是对关系数据库的描述，是全局关系模式的集合。

在关系数据库中，将一个关系视为一张二维表，又称其为数据表（简称表），这个表包含表结构、关系完整性、表中数据及数据间的联系。一个关系数据库由若干表组成，表又由若干记录组成，而每一个记录是由若干以列属性加以分类的数据项组成的。

关系与表的对应关系术语的对照如表 2-3 所示。

表 2-3 关系与表的对应关系术语的对照

在关系模型理论中	在关系数据库中
关系	表
元组	行
属性	列
关系模式	表结构

2. 关系数据库的主要特点

（1）一个关系数据库是由若干满足关系模型且彼此关联的关系组成。

（2）关系数据库要以面向系统的思想组织数据，使数据具有最小的冗余度，支持复杂的数据结构。

（3）关系数据库具有高度的数据和程序的独立性，应用程序与数据的逻辑结构及数据的物理存储方式无关。

（4）关系数据库中数据具有共享性，使数据库中的数据能为多个用户服务。

（5）关系数据库允许多个用户同时访问，同时提供了各种控制功能，保证数据的安全性、完整性和并发性控制。

2.4 关系规范化

现实系统的数据怎样具体、简明、有效地构成符合关系模型的数据结构，并形成一个关系数据库，是数据库操作的首要问题之一。特别是在进行数据库应用系统开发时，如果用户组织的数据关系不理想，轻者会大大增加编程和维护程序的难度，重者会使数据库应用系统无法实现。一个组织良好的数据结构，不仅可以方便地解决应用问题，还可以为解决一些不可预测的问题带来便利，同时可以大大加快编程的速度。

从 20 世纪 70 年代提出关系数据库的理论后，许多专家对该理论进行了深入研究，总结了一整套关系数据库设计的理论和方法，其中很重要的是关系规范化理论。它为针对具体问题如何构造一个适合的数据模式（应该构造几个关系模式，每个关系由哪些属性构成等内容）提供方法。主要涉及的问题包括 3 个方面：数据依赖、范式和模式分解。

具体内容包含以下几点。

（1）数据依赖研究数据之间的联系。

（2）范式是关系模式的标准。

（3）模式分解是模式设计的方法，数据依赖起着核心的作用。

简单地说，若想设计一个性能良好的数据库模式，就要尽量满足关系规范化原则，而规范化设计理论对关系数据库结构的设计起着重要的作用。

2.4.1 冗余与异常

如果一个关系没有经过规范化，可能会出现数据冗余大、数据更新不一致、数据插入异常和删除异常。

例 2.8：若有这样一个"学生信息"关系，如表 2-4 所示。

表 2-4 学 生 信 息

学号	姓名	……	班级编号	班级名称	……	系编号
060101	江鑫	……	A1010601	0601	……	A101
060102	赵盘	……	A1010601	0601	……	A101
060103	刘鹏	……	A1010601	0601	……	A101
060104	李鑫	……	A1010601	0601	……	A101
060201	罗旭	……	A1010602	0602	……	A101
060202	白涛	……	A1010602	0602	……	A101
060203	邓平	……	A1010602	0602	……	A101
060204	周康	……	A1010602	0602	……	A101

定义其关系模式为：学生（学号，姓名，性别，出生年月，籍贯，班级编号，班级名称，班级人数，班长姓名，专业名称，系编号），则从"学生信息"关系模式中，可以发现该关系模式存在如下问题：存在大量的数据冗余，浪费大量的存储空间；由于数据的冗余，在对数据操作时会引起操作异常，即更新异常（Update Anomalies）、插入异常（Insertion Anomalies）和删除异常（Deletion Anomalies）。

（1）数据冗余。学号、姓名、班级名称和专业名称属性值有大量重复，造成数据冗余。

（2）更新异常。出现更新异常，在更新数据时，维护数据完整性代价大。

若更换班级名称，必须修改与该班每位学生有关的每一个元组数据，若不小心漏掉一个元组没有修改，就会造成数据的不一致，出现更新异常。

（3）插入异常。出现插入异常，该插入的数据插不进去。

若一个系刚成立，尚无学生，就无法把这个班和系的信息存入数据库。

（4）删除异常。出现删除异常，不该删除的数据不得不删。

例如，某个班级的学生毕业，在删除该班学生信息的同时，把这个班及系的信息也丢掉。另外，若有遗留，就无法找到该学生的对应信息，这样就会出现删除异常。

结论：学生关系模式不是一个好的模式。

"好"的模式：不会发生插入异常、删除异常、更新异常，数据冗余应尽可能少。

原因：由存在于模式中的某些数据依赖引起的。

对于有问题的关系模式，可通过模式分解的方法使之规范化，尽量减少数据冗余，消除更新、插入、删除异常。解决方法：通过分解关系模式来消除其中不合适的数据依赖。

将学生（学号，姓名，性别，出生年月，籍贯，班级编号，班级名称，班级人数，班长姓名，专业名称，系编号）分解成：

班级（班级编号，班级名称，班级人数，班长姓名，专业名称，系编号）；

学生（学号，姓名，性别，出生年月，籍贯，班级编号）。

从关系数据库理论的角度看，一个不好的关系模式，是由存在于关系模式中的某些函数依赖引起的，解决方法就是通过分解关系模式来消除其中不合适的函数依赖。

2.4.2　函数依赖

函数依赖（Function Dependency）是关系规范化的主要概念，描述了属性之间的一种联系。在同一个关系中，由于不同元组的属性值可能不同，由此可以把关系中的属性看成是变量，一个属性与另一个属性在取值上可能存在制约，这种制约就确定了属性间的函数依赖。

1. 函数依赖定义

定义 2.1：设 $R(U)$ 是一个属性集 U 上的关系模式，X 和 Y 是 U 的子集。对于 $R(U)$ 的任意一个可能的关系 r，若有 r 的任意两个元组，在 X 上的属性值相同，则在 Y 上的属性值也一定相同，则称"X 函数确定 Y"或"Y 函数依赖于 X"，记作 $X \rightarrow Y$。

注意：X 和 Y 都是属性组，如果 $X \rightarrow Y$，表示 X 中取值确定时，Y 中的取值唯一确定，即 X 决定 Y 或 Y 函数依赖于 X，X 是决定因素，是这个函数依赖的决定属性集。

函数依赖类似于数学中的单值函数，设单值函数：$Y = F(X)$，其中 X 的值决定一个唯一的函数 Y，当 X 取不同的值时，对应的 Y 值可能不同，也可能相同。

几点说明：

（1）函数依赖不是指关系模式 R 的某个或某些元组的约束条件，而是指 R 的所有关系实例均要满足的约束条件，当关系的元组增加或者更新后都不能破坏函数依赖。

（2）函数依赖必须根据语义来确定，而不能单凭某一时刻特定的实际值来确定。

2. 完全函数依赖和部分函数依赖定义

定义 2.2：在关系模式 R(U) 中，如果 $X \to Y$，并且对于 X 的任何一个真子集 X'，都有 $X' \nrightarrow Y$，则称 Y 完全函数依赖于 X，记作 $X \xrightarrow{f} Y$，否则称 Y 部分函数依赖于 X，记作 $X \xrightarrow{P} Y$。

3. 传递函数依赖定义

定义 2.3：在关系模式 R(U) 中，如果 $X \to Y$，$Y \nsubseteq X$，且 $Y \nrightarrow X$，$Y \to Z$，$Z \notin Y$，则称 Z 传递函数依赖于 X。

2.4.3 规范化原则

关系规范化（Relation Normalization）理论是研究如何将一个不十分合理的关系模型转化为一个最佳的数据关系模型的理论，它是围绕范式而建立的。

关系规范化理论认为，关系数据库中的每一个关系都要满足一定的规范。根据满足规范的条件不同，可以划分为 6 个等级 5 个范式，分别称为第一范式（1NF）、第二范式（2NF）、第三范式（3NF）、修正的第三范式（BCNF）、第四范式（4NF）、第五范式（5NF）。其中，NF 是 Normal Form 的缩写。

关系规范化的前 3 个范式原则如下。

（1）第一范式：如果一个关系模式 R(U) 中的所有属性都不可再分，则称 R(U) 为第一范式，即 R(U) ∈ 1NF。

（2）第二范式：若 R(U) ∈ 1NF，且每一个非主属性完全函数依赖于码，称 R(U) 为第二范式，即 R(U) ∈ 2NF。

（3）第三范式：设关系模式 R(U) ∈ 2NF，且每一个非主属性不部分依赖于码，也不传递函数依赖于码，则称 R(U) 为第三范式，即 R(U) ∈ 3NF。

（4）BCNF：若关系模式 R(U) ∈ 1NF，对于 R(U) 的任意一个函数依赖 $X \to Y$，若 $Y \nsubseteq X$，则 X 必含有码，那么称 R(U) 为 BC 范式，即 R(U) ∈ BCNF。

2.4.4 模式分解

对关系模式进行分解，要符合"无损连接"和"保持依赖"的原则，使分解后的关系不能破坏原来的函数依赖，保证分解后的所有关系模式中的函数依赖要反映分解前所有的函数依赖。

1. 无损连接

当对关系模式 R 进行分解时，R 元组将分别在相应属性集进行投影而产生新的关系。如果对新关系进行自然连接得到的元组的集合与原关系完全一致，则称其为无损连接。

2. 保持依赖

当对关系模式 R 进行分解时，R 的函数依赖集也将按相应的模式进行分解，如果分解后的总的函数依赖集与原函数依赖集保持不变，则称为保持函数依赖。

需要特别指出的是，保留适量冗余，达到以空间换时间的目的，也是模式分解的重要原则。在实际的数据库设计过程中，不是关系规范化的等级越高就越好，具体问题还要具体分析。有时候，为提高查询效率，可保留适当的数据冗余，让关系模式中的属性多一些，而不把模式分解得太小，否则为了查询一些数据，常常要做大量的连接运算，把关系模式一再连接，花费大量时间，或许得不偿失。

（1）消除不合适的数据依赖。

（2）使各关系模式达到某种程度的"分离"。

（3）采用"一事一地"的模式设计原则，让一个关系描述一个概念、一个实体或者实体间的一种联系。若多于一个概念就把它"分离"出去。

（4）不能说规范化程度越高的关系模式就越好。

在设计数据库模式结构时，必须对现实世界的实际情况和用户应用需求做进一步分析，确定一个合适的、能够反映现实世界的模式，上面的规范化步骤可以在其中任何一步终止。

2.5 关系代数

关系代数是数据库原理和计算机数据库应用技术的数学基础。

在关系操作中，以关系代数为理论基础的数据操纵语言（Data Manipulation Language，DML）控制关系操作，它是基于关系之上的一组集合的代数运算，每一个运算都是以一个或多个关系作为运算对象，其计算结果仍是一个关系。

关系代数包含集合运算和关系运算。

集合运算包含并、差、交、广义笛卡儿积等。

这类运算将"关系"看做是元组的集合，其运算是从关系的水平方向（表中的行）来进行的。

集合运算的运算符：∪（并）、–（差）、∩（交）、×（广义笛卡儿积）。

关系运算包含投影、选择、连接和除运算。

这类运算将"关系"看做是元组的集合，其运算不仅涉及关系的水平方向（表中的行），而且也涉及关系的垂直方向（表中的列）。

关系运算符：Π（投影）、σ（选择）、▷◁（连接）、÷（除）。

2.5.1 并运算

两个已知关系 R 和 S 的并将产生一个包含 R、S 中所有不同元组的新关系。记作：R∪S。

换言之，若有 R 和 S 两个关系，将两个关系中的元组并置在一个关系中，消除重复元组，组成新关系，就是 R 和 S 的并。

为了使操作更有意义，关系必须具有并的相容性。也就是说，关系 R 和关系 S 必须要有相同的属性，并且对应属性有相同的域。例如，若一个关系中的第二个属性取自姓名域，则第二个关系的第二个属性也必须取自姓名域。并运算的示意图如图 2-9 所示。

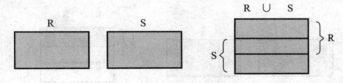

图 2-9　并运算示意图

在实际应用中，并运算可实现插入新元组的操作。

例 2.9：已知关系 R 要插入若干新元组，新元组的集合为 S，插入操作就可以通过 R∪S 来实现。

已知关系 R 的内容如表 2-5 所示。

已知关系 S 的内容如表 2-6 所示。

表 2-5　关系 R

BH（编号）	LB（类别）
A	1
A	3
B	5
B	4
C	2

表 2-6　关系 S

BH（编号）	LB（类别）
C	1
C	2
C	3
C	4
D	4

新关系 R∪S 的结果如表 2-7 所示。

表 2-7 关系 R∪S

BH（编号）	LB（类别）	BH（编号）	LB（类别）
A	1	C	2
A	3	C	3
B	5	C	4
B	4	D	4
C	1		

2.5.2 差运算

两个已知关系 R 和 S 的差是所有属于 R 但不属于 S 的元组组成的新关系，记作：R − S。

换言之，若有 R 和 S 两个关系，将在 R 中出现的元组，而且在 S 中不出现的元组，组织一个新关系，就是 R 和 S 的差。

差运算使用的关系也必须具有并的相容性。差运算是有序的，R − S 不等于 S − R。

差运算的示意图如图 2-10 所示。

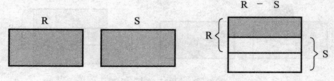

图 2-10 差运算示意图

在实际应用中，差运算可实现删除部分元组的操作，若差运算与并运算联合使用可实现修改部分元组的操作。

例 2.10：已知关系 R 要删除若干元组，这些元组的集合为 S，删除操作就可以通过 R − S 来实现。

关系 R 的内容如表 2-8 所示。

关系 S 的内容如表 2-9 所示。

新关系 R − S 的结果如表 2-10 所示。

微视频 2-1：
差运算

表 2-8 关系 R

BH（编号）	DX（大小）
1	S
2	M
3	L
4	X
5	XL

表 2-9 关系 S

BH（编号）	DX（大小）
1	S
3	L
5	XL

表 2-10 关系 R − S

BH（编号）	DX（大小）
2	M
4	X

2.5.3 交运算

两个已知关系 R 和 S 的交是属于 R 而且也属于 S 的元组组成的新关系，记作：R∩S。

换言之，若有 R 和 S 两个关系，将在 R 中出现的元组，而且在 S 中也出现的元组，组织一个新关系，就是 R 和 S 的交。

交运算使用的关系也必须具有并的相容性。由于 R∩S = R - (R - S)，或者说 R∩S = S - (S - R)，所以 R∩S 运算是一个组合运算。

交运算的示意图如图 2-11 所示。

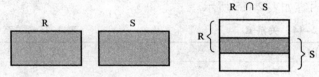

图 2-11 交运算示意图

例 2.11：已知关系 R 和另一个关系 S，若想挑选 R、S 的"公共"元组通过 R∩S 来实现。

关系 R 的内容如表 2-11 所示。

表 2-11 关系 R

BM（编码）	JG（价格）	BM（编码）	JG（价格）
A1	2.44	C2	7.45
A2	4.12	C3	2.67
B1	2.78	C4	9.89
B2	6.00	D1	2.50
C1	2.31		

关系 S 的内容如表 2-12 所示。

新关系 R∩S 的结果如表 2-13 所示。

微视频 2-2：
交运算

表 2-12 关系 S

BM（编码）	JG（价格）
A1	2.44
A2	9.12
B1	2.00
C1	2.31
C4	9.00
D1	2.50

表 2-13 关系 R∩S

BM（编码）	JG（价格）
A1	2.44
C1	2.31
D1	2.50

2.5.4 笛卡儿积运算

两个已知关系 R 和 S 的笛卡儿积是 R 中每个元组与 S 中每个元组连接组成的新关系。记作：R×S。

换言之，若有含 m 个元组 R 和含 n 个元组 S 两个关系，$m \times n$ 元组组织一个新关系，就是 R 和 S 的笛卡儿积。

例 2.12：已知关系 R 和另一个关系 S，若想由 R、S 两个关系的所有元组连接组成新关系，可通过 R×S 来实现。

关系 R 的内容如表 2-14 所示。

关系 S 的内容如表 2-15 所示。

表 2-14 关系 R	表 2-15 关系 S
BH（编号）	DX（大小）
1	S
2	L
3	XL
4	
5	

新关系 R×S 的结果如表 2-16 所示。

表 2-16　R×S

BH（编号）	DX（大小）	BH（编号）	DX（大小）
1	S	3	XL
1	L	4	S
1	XL	4	L
2	S	4	XL
2	L	5	S
2	XL	5	L
3	S	5	XL
3	L		

2.5.5 投影运算

投影是选择关系 R 中的若干属性组成新的关系，并去掉了重复元组，是对关系的属性进行筛选，记作 $\pi A(R) = \{t[A] \mid t \in R\}$。

其中，A 为关系 R 的属性列表，各属性间用逗号分隔，属性名也可以用它的序号来代替。

投影运算是一元关系运算，其结果往往比原有关系属性少，或改变原有关系的属性顺序，或更改原有关系的属性名等，投影运算结果不仅取消了原关系中的某些列，而且还可能取消某些元组（避免重复行）。

投影运算的示意图如图 2-12 所示。

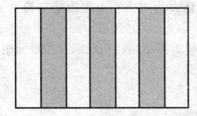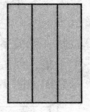

图 2-12　投影运算示意图

例 2.13：已知"教师"关系，其关系模式是：教师（教师编号，姓名，性别，职务，教研室编号），若想由"教师"关系组成新关系，其关系模式是：新教师（教师编号，姓名，性别，职务），可通过投影操作来实现。即，π 教师编号，姓名，性别，职务，教研室编号（教师）。

"教师"关系的内容如表 2-17 所示。

表 2-17　"教师"关系

教师编号	姓名	性别	职务	教研室编号
A101011	张强	男	讲师	A10101
A101012	赵新	女	教授	A10101
A101013	刘阳	男	副教授	A10101
A101014	李国	男	讲师	A10101
E501011	王盘	女	副教授	E50101
E501012	张鹏	男	教授	E50101
E501013	刘鑫	男	讲师	E50101

"新教师"关系的结果如表 2-18 所示。

微视频 2-3：
投影运算

表 2-18　"新教师"关系

教师编号	姓名	性别	职务
A101011	张强	男	讲师
A101012	赵新	女	教授
A101013	刘阳	男	副教授
A101014	李国	男	讲师
E501011	王盘	女	副教授
E501012	张鹏	男	教授
E501013	刘鑫	男	讲师

2.5.6 选择运算

选择是根据给定的条件选择关系 R 中的若干元组组成新的关系，是对关系的元组进行筛选，记作 σF(R) = {t | t∈R∧F(t) = '真'}。

其中，F 是选择条件，是一个逻辑表达式，它由逻辑运算符（∧、∨、¬）和比较运算符（>，>=，<=，<，=或<>）组成。

选择运算也是一元关系运算，选择运算结果往往比原有关系元组个数少，它是原关系的一个子集，但关系模式不变。

选择运算示意图如图 2-13 所示。

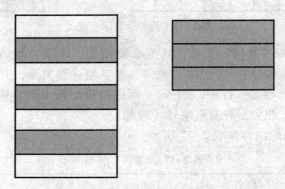

图 2-13 选择运算示意图

例 2.14：已知"教师"关系，其关系模式是：教师（教师编号，姓名，性别，职务，教研室编号），若想将"教师"关系中的男教师组成新关系，选出满足条件的元组（仅要男性信息），其关系模式不变，可通过选择运算来实现，即σ 性别 = '男'（教师）。

"教师"关系的内容如表 2-17 所示。

新关系（男教师信息）的结果如表 2-19 所示。

表 2-19　"男教师"关系

教师编号	姓名	性别	职务	教研室编号
A101011	张强	男	讲师	A10101
A101013	刘阳	男	副教授	A10101
A101014	李国	男	讲师	A10101
E501012	张鹏	男	教授	E50101
E501013	刘鑫	男	讲师	E50101

2.5.7　连接运算

连接是根据给定的条件，从两个已知关系 R 和 S 的笛卡儿积中，选取满足连接条件（属性之间）的若干元组组成新的关系。记作：

$$R \underset{A\theta B}{\bowtie} S \quad \{\widehat{t_r t_s} \mid t_r \in R \wedge t_s \in S \wedge t_r\ [A]\theta t_s\ [B]\}$$

其中，$A\theta B$ 是选择条件。

连接是由笛卡儿积导出的，相当于把两个关系 R 和 S 的笛卡儿积做一次选择运算，从笛卡儿积全部元组中选择满足"选择条件"的元组。

连接与笛卡儿积的区别是：笛卡儿积是关系 R 和 S 所有元组的组合，连接是只含满足"选择条件"元组的组合，如果连接没有"选择条件"，则连接运算变成了笛卡儿积运算。

连接运算的结果往往比两个关系元组、属性总数少，比其中任意一个关系的元组、属性个数多。

连接运算包括条件连接、相等连接（条件连接特例）、自然连接、外连接等。

（1）条件连接。条件连接是从两个关系的笛卡儿积中选取属性间满足一定条件的元组。

（2）相等连接。从关系 R 与 S 的笛卡儿积中选取满足等值条件的元组。

（3）自然连接。自然连接也是等值连接，从两个关系的笛卡儿积中，选取公共属性满足等值条件的元组，但新关系不包含重复的属性。

（4）外连接。外连接是在连接条件的某一边添加一个符号"＊"，其连接结果是为符号所在边添加一个全部由空值组成的行。

外连接分为左外连接和右外连接。

左外连接（公式）：连接条件中的符号在条件表达式的左边，它先将 R 中的所有元组都保留在新关系中，包括公共属性不满足等值条件的元组，新关系中与 S 相对应的非公共属性的值均为空。

右外连接（公式）：连接条件中的符号在条件表达式的右边，它先将 S 中的所有元组都保留在新关系中，包括公共属性不满足等值条件的元组，新关系中与 R 相对应的非公共属性的值均为空。

例 2.15：已知"教师"关系和"教研室"关系，其关系模式是：教师（教师编号，姓名，性别，职务，教研室编号）、教研室（教研室编号，教研室名称，教师人数，系编号），若想由"教研室编号" = "A10101"组成的新关系，新关系模式是：A10101 教研室教师（教研室编号，教研室名称，教师编号，姓名，性别，职务）可通过选择和连接操作来实现。

即：

$$（教师）\underset{教研室编号 = "A10101"}{\bowtie}（教研室）$$

"教师"关系的内容如表 2-17 所示。

"教研室"关系的内容如表 2-20 所示。

表 2-20 "教研室"关系

教研室编号	教研室名称	教师人数	系编号
A10101	软件制作	8	A101
A10102	课件制作	3	A101
A10201	安全规范	4	A102
A10202	安全分析	5	A102
E50101	数学计算	9	E501
E50102	数学分析	7	E501
E50103	数学理论	4	E501

新关系(教研室编号为"A10101"的教师情况)的内容如表 2-21 所示。

表 2-21 A10101 教研室教师

教研室编号	教研室名称	教师编号	姓名	性别	职务
A10101	软件制作	A101011	张强	男	讲师
A10101	软件制作	A101012	赵新	女	教授
A10101	软件制作	A101013	刘阳	男	副教授
A10101	软件制作	A101014	李国	男	讲师

2.5.8 除运算

设有关系 R(X,Y)和 S(Y),其中 X、Y 可以是单个属性或属性集,R÷S 的结果组成的新关系为 T。

R÷S 运算规则:如果在 $\prod(R)$ 中能找到某一行 u,使得这一行和 S 的笛卡儿积含在 R 中,则 T 中有 u。

除运算示意图如图 2-14 所示。

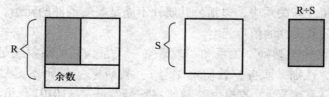

图 2-14 除运算示意图

例 2.16:已知关系 R(如表 2-22 所示)和关系 S(如表 2-23 所示),计算(R÷S)(如表 2-24 所示)。

表 2-22　关系 R

NO	ZIPC	NO	ZIPC
A1	130012	A2	100011
A1	130011	A3	130021
A1	100022	A3	100008
A2	130021	A4	100002
A2	100008		

表 2-23　关系 S

NO
A2
A3

表 2-24　关系 R÷S

ZIPC
130021
100008

微视频 2-5：
除运算

2.6　计算思维漫谈二：抽象与规约

在现实世界中，世间万物纷繁复杂，无论是形态还是运动机理都是千变万化的。人们对世界的认识，其概念的获得通常来自于对这种纷繁复杂的信息数据的一般性知识总结。个体的认知通常是对列举中特殊性的确认。这就涉及"约简、聚类、分解、折中"等思想方法。人们通过这些"约简、聚类、分解、折中"等思想方法对大量认知进行推理演绎后总结出相关的规则，然后再用这些规则去推理和演绎新的事物，周而复始。

无论是对什么事物的认知，都要有有效的表现方式，抽象是表现事物常用的方法，如同国家发展规划、城市的规划设计、建筑师设计的沙盘、机械师设计的图纸等，都是用"约简"方式将整体表现出来，其实质就是抽象。

现实世界的抽象结果，根据其需求，也有着不同的表现形式，建筑师设计的沙盘是为了展示其设计理念，机械师设计的图纸是为了进行生产加工的依据，而这里所说的数据抽象，是为了在计算机中虚拟客观现实，更好地加工处理数据，通过对客观现实数字化的转换及计算，给出重要方法。

现实系统中存在各种各样的规章制度，用以保证系统正常、有序地运转。同样，记录现实系统的数据进行计算，也要有其一定的约束，才能够准确地反映现实，并再用于现实系统中，在数据库系统中，对各类数据集的定义、操纵和计算都有一定的规约，这是必须学习的（数据模型要素，关系运算法则）内容。但是无论数字处理方法多么先进，它对客观现实总是有一定限度的，此时，遵守一定的规约，尽量为数字化过程设立边界，是认识对象必须具备的方法。

从人与自然的和谐角度看，数据抽象的"真理性与真实性"，无论如何也不能完全替代现实的自然性和复杂性。

本章知识点树

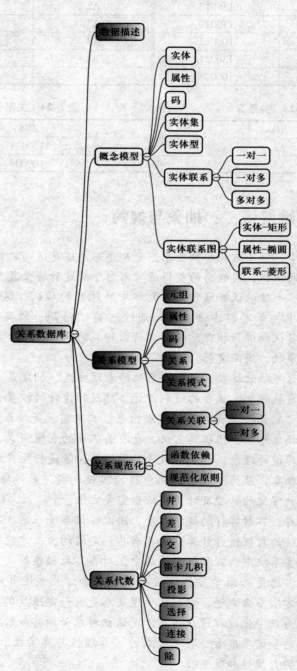

思 考 题

1. 关系模型的主要特点是什么？
2. 解释函数依赖、完全函数依赖、部分函数依赖和传递函数依赖。
3. 关系模型有哪些完整性约束？
4. 解释什么是关系规范化原则。
5. 试述并、交、差和笛卡儿积的定义。
6. 并、交、差和笛卡儿积哪个运算是一元运算？
7. 试述投影、选择、连接和除的定义。
8. 投影运算的含义是什么？
9. 选择运算的含义是什么？
10. 连接运算有多少类型？

第 3 章 数据库设计

数据库是数据库应用系统的核心，本章介绍有关数据库设计、数据库对象种类，以及创建与使用数据库。

3.1 数据库设计概述

数据库设计是建立数据库及其数据库应用系统的核心技术。由于数据库应用系统的复杂性，其设计任务较为复杂，需要反复探究，逐步求精。

本节将以"大学学生信息管理系统"为例，讲解数据库设计的有关内容。

1. 什么是数据库设计

数据库设计（Database Design）是根据用户需求和选择的数据库管理系统对某一具体应用系统，设计数据库组织结构和构造的过程。

从数据库应用系统开发人员的角度看，数据库设计是对一个给定的实际应用环境，如何利用数据库管理系统、系统软件和相关的硬件系统，将用户的需求转化成有效的数据库模式，并使该数据库模式易于适应用户新的数据需求的过程。

从数据库理论的抽象角度看，数据库设计是根据用户需求和特定数据库管理系统的具体特点，将现实世界的数据特征抽象为概念数据模型，构造出最优的数据库模式，使之既能正确反映现实世界的信息及其联系，又能满足用户各种应用需求（信息要求和处理要求）的过程。

2. 数据库设计预备技术和知识

（1）数据库的基本知识和数据库设计技术。

（2）计算机科学的基础知识和程序设计的方法与技巧。

（3）了解系统分析、设计原理与方法。

（4）应用领域的专业知识。

3. 数据库设计的重要性

数据库设计是进行数据库应用系统设计与开发的重要环节，它决定数据库应用系统的底层设计，制约着整个系统的成败，实际工作中常常因为数据库设计得不够完善而产生改动系统的需求，甚至导致应用系统开发不下去，以至于需要重新进行数据库设计。

从数据库应用系统体系结构（见图3-1）不难看出，数据库设计、数据库管理软件以及数据库编程，各占 1/3 的比重，这也就说明数据库设计工作的重要性。数据库设计是学习数据库技术与应用相关知识必不可少的内容，只有掌握了数据库设计方法，才能对数据库操纵有全面的控制能力。

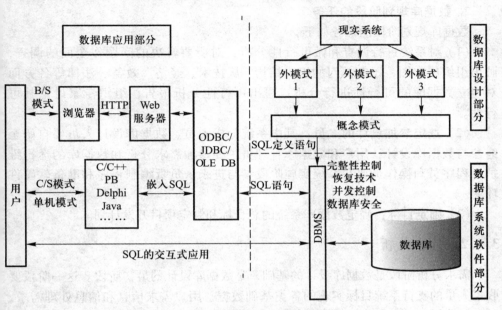

图 3-1　数据库应用系统体系结构

3.2　数据库设计的方法

　　数据库设计是综合运用计算机软、硬件技术，结合应用系统领域的知识和管理技术的系统工程。在现实世界中，信息结构十分复杂，应用领域千差万别，而设计者的思维也各不相同，所以数据库设计的方法和路径也多种多样。

　　尽管如此，按着规范化设计方法，可将数据库设计归纳为如下 7 个阶段。

（1）数据库规划。

（2）需求分析。

（3）概念结构设计。

（4）逻辑结构设计。

（5）物理结构设计。

（6）数据库实施。

（7）数据库运行和维护。

3.2.1 规划时期

1. 数据库规划阶段的目标

数据库规划阶段的目标是对信息系统的数据库作整体的规划设计。

2. 数据库规划阶段的任务

数据库规划阶段的任务如下。

（1）对系统进行调查和做可行性分析：对所要解决的问题作全面的调查，画出组织层次图，了解部门的组织结构，从技术、经济、效益、法律等各方面对建立数据库的可行性进行分析，写出可行性分析报告，组织专家讨论其可行性。

（2）选定参加设计的人员：其中系统分析人员、数据库设计人员要自始至终参与数据库设计，用户和数据库管理员主要参加需求分析和数据库的运行维护，程序员和操作员要在系统实施阶段参与进来，负责编制程序和准备软硬件环境。

（3）确定目标：确定数据库系统的总目标和制定项目开发计划。

3.2.2 需求分析

需求分析阶段是数据库设计的基础，是数据库设计的最初阶段。这一阶段要收集大量的支持系统目标实现的各类基础数据、用户需求信息和信息处理需求，并加以分析归类和初步规划，确定设计思路。需求分析做得好与坏，决定了后续设计的质量和速度，制约数据库应用系统设计的全过程。需求分析阶段也是其他设计阶段的依据，是最为困难、最耗费时间的阶段。

1. 需求分析阶段的目标

需求分析阶段的目标是通过详细调查，深入了解数据的性质和数据的使用情况，数据的处理流程、流向、流量等，并仔细分析用户在数据格式、数据处理、数据库安全性、可靠性以及数据的完整性方面的需求。根据对数据库应用系统所要处理的对象进行全面了解，大量收集支持系统目标实现的各类基础数据，以及用户对数据库信息的需求、对基础数据进行加工处理需求、对数据库安全性和完整性的要求，按一定规范要求写出设计者和用户都能理解的文档（需求分析说明书）。

2. 需求分析的工作任务

需求分析的具体工作包括如下几点。

（1）分析用户活动，产生业务流程图 。

（2）确定系统范围，产生系统范围图。

（3）分析用户活动涉及的数据，产生数据流图。

（4）分析系统数据，产生数据字典。

3. 调查分析的具体做法

（1）调查数据库应用系统所涉及的各部门的组成情况，各部门的职责、业务及其流程，确定系统功能范围，明确哪些业务活动的工作由计算机完成，哪些由人工来完成。

（2）了解用户对数据库应用系统的各种要求，包括信息要求、处理要求、安全性和完整性要求，如各个部门输入和使用什么数据，如何加工处理这些数据，处理后的数据的输出内容、格式及发布的对象等。

（3）深入分析用户的各种需求，并用数据流图描述整个系统的数据流向和对数据进行处理的过程，描述数据与处理之间的联系。

（4）分析系统数据，用数据字典描述数据流图中涉及的各数据项、数据结构、数据流、数据存储和处理过程。

4. 需求分析阶段的工作过程

需求分析阶段的工作过程如图 3-2 所示。

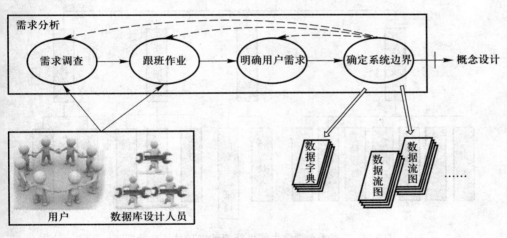

图 3-2　需求分析阶段的工作过程

例 3.1："英才大学学生信息管理系统"需求分析。

解：若英才大学学生信息管理中心，为加强学生信息化管理，准备开发一个"英才大学学生信息管理系统"，该系统包括学生自然信息管理、学生所学课程信息管理、学生成绩信息管理等子系统。

下面是经过需求调查初步归纳出的学生自然信息管理、学生所学课程信息管理、学生成绩信息管理等子系统的信息存储要求。

（1）学生自然信息管理子系统。

学生档案：包括学号，姓名，性别，出生年月，籍贯，班级编号。

所在班级：班级编号，班级名称，班级人数，班长姓名，专业名称，系编号。

所在系：系编号，系名称，系主任，电话，教研室个数，班级个数，学院编号。

所在学院：学院编号，学院名称，院长姓名，电话，地址。

（2）学生所学课程信息管理子系统。

所修课程：课程编号，课程名称，学时，学分，学期，教师编号，教室。

授课教师：教师编号，姓名，性别，职称，教研室编号。

教师所在教研室：教研室编号，教研室名称，教师人数，系编号。

（3）学生成绩信息管理子系统。

成绩：学号，课程编号，成绩。

"英才大学学生信息管理系统"总体功能框图如图 3-3 所示。

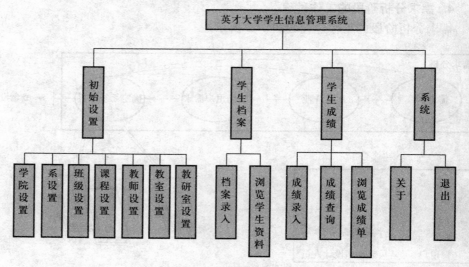

图 3-3 "英才大学学生信息管理系统"总体功能框图

3.2.3 概念结构设计

数据库概念结构设计阶段是设计数据库的整体概念结构，也就是把需求分析结果抽象为反映用户需求信息和信息处理需求的概念模型。概念模型独立于特定的数据库管理系统，也独立于数据库逻辑模型，还独立于计算机和存储介质上数据库物理模型。

设计数据库概念模型目前广泛应用的是 E-R 方法，用此方法设计的概念模型通常称为实体—联系模型，或称 E-R 模型。

1. 概念结构设计的目标

概念结构设计的目标是在需求分析的基础上，通过对用户需求进行分析、归纳、抽象，形成一个独立于具体 DBMS 和计算机硬件结构的整体概念结构，即提出概念模型。

2. 概念结构设计的工作任务

概念结构设计的具体工作任务如下。

（1）进行数据抽象。

（2）设计局部概念模式，得到局部 E-R 图。

（3）将局部概念模式综合成全局概念模式，得到全局 E-R 图。

（4）评价全局概念模式与优化，得到优化全局 E-R 图。

3. 概念结构设计的一般方法

（1）集中式设计法：根据用户需求由一个统一的机构或人员一次设计出数据库的全局 E-R 模式。其特点是设计简单方便，容易保证 E-R 模式的统一性与一致性，但它仅适用于小型或并不复杂的数据库设计问题，而对大型的或语义关联复杂的数据库设计并不适用。

（2）分散—集成设计法：设计过程分解成两步，首先将一个企业或部门的用户需求，根据某种原则将其分解成若干个部分，并对每个部分设计局部 E-R 模式，然后将各个局部 E-R 模式进行集成，并消除集成过程中可能会出现的冲突，最终形成一个全局 E-R 模式。其特点是设计过程比较复杂，但能较好地反映用户需求，对于大型和复杂的数据库设计问题比较有效。

4. 概念结构设计的一般策略

（1）自顶向下。先定义全局 E-R 模式框架，然后逐步进行细化，即先从抽象级别高且普遍性强的实体集开始设计，然后逐步进行细化、具体化与特殊化处理，如图 3-4 所示。

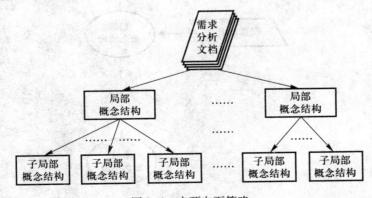

图 3-4 自顶向下策略

（2）自底向上。首先定义各局部应用的概念结构，然后将它们集成起来，得到全局概念结构。先从具体的实体开始，然后逐步进行抽象化、普遍化与一般化，最后形成一个较高层次的抽象实体集，如图 3-5 所示。

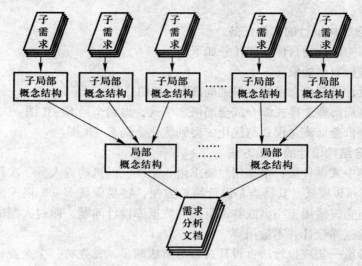

图 3-5　自底向上策略

（3）由内向外（逐步扩张）。首先定义最重要的核心概念结构，然后向外扩充，以滚雪球的方式逐步生成其他概念结构，直至总体概念结构。即先从最基本与最明显的实体集着手逐步扩展至非基本、不明显的其他实体集，如图 3-6 所示。

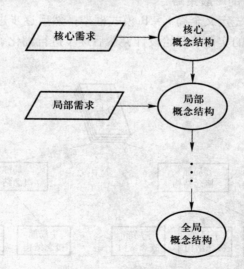

图 3-6　由内向外策略

（4）混合策略。将上面多种策略同时应用于 E–R 模式设计过程之中。

将"自顶向下"和"自底向上"相结合，用"自顶向下"策略设计一个全局概念结构的框架，以它为骨架集成由"自底向上"策略中设计的各局部概念结构。

5. 局部概念结构和全局概念结构设计

（1）局部概念结构设计。

① 确定概念结构的范围。将用户需求划分成若干个部分，其划分方法：一是根据企业的组织机构对其进行自然划分，并将其设计成概念结构；二是根据数据库提供的服务种类进行划分，使得每一种服务所使用的数据明显地不同于其他种类，并将每一类服务设计成局部概念结构。

② 定义实体型。每一个确定概念结构包括哪些实体型，要从选定的局部范围中的用户需求出发，确定每一个实体型的属性及其属性名和主码。要设计的内容有以下几点。

a. 区分实体与属性。

b. 给实体集与属性命名：其原则是清晰明了便于记忆，并尽可能采用用户熟悉的名字，减少冲突，方便使用。

c. 确定实体标识：即确定实体集的主码。在列出实体集的所有候选码的基础上，选择一个作为主码。

d. 非空值原则：保证主码中的属性不出现空值。

③ 定义联系：判断实体集之间是否存在联系，并定义实体集之间联系的类型。

a. 实体集之间的联系方式。

b. 定义联系的方法。

c. 为实体集之间的联系命名：联系的命名应反映联系的语义性质，通常采用某个动词命名。

d. 确定每个联系存在属性，并为其命名。

（2）合并局部概念结构设计。合并局部 E–R 模式为全局 E–R 模式的过程包括区分公共实体型、合并局部概念结构设计和消除冲突。

① 区分公共实体型：一般根据实体型名称和主码来认定公共实体型。

② 合并局部概念结构设计模式：首先将两个具有公共实体型的局部概念结构设计进行合并，然后每次将一个新的、与前面已合并模式具有公共实体型的局部概念结构设计合并起来，最后再加入独立的局部概念结构设计，这样即可终获得全局概念结构设计。

③ 消除冲突：消除合并过程中局部概念结构设计之间出现的不一致描述。两个局部 E–R 模式之间可能出现的冲突类型如下。

a. 命名冲突：主要指同名异义和异名同义两种冲突，包括属性名、实体型名、联系名之间的冲突。同名异义，即不同意义的对象具有相同的名字（编号）；异名同义，即同一意义的对象具有不同的名字（姓名和名字）。

b. 结构冲突：同一对象在不同的局部概念结构设计中的抽象不一致，同一实体在不同的局部 E - R 模式中其属性组成不同。

（3）优化全局概念结构。全局 E - R 模式的优化标准：能全面、准确地反映用户需求，且具有实体型的个数尽可能少；实体型所含属性个数尽可能少；实体型之间联系无冗余等特性。

① 全局概念结构的优化方法。

a. 实体型的合并：将两个有联系的实体型合并为一个实体型。

b. 冗余属性的消除：消除合并为全局 E - R 模式后产生的冗余属性。

c. 冗余联系的消除：消除全局模式中存在的冗余联系。

② 全局概念结构的优化原则：在存储空间、访问效率和维护代价之间进行权衡，对实体型进行恰当的合并，适当消去部分冗余属性和冗余联系。

6. 概念结构设计阶段的工作过程

概念结构设计阶段的工作过程如图 3-7 所示。

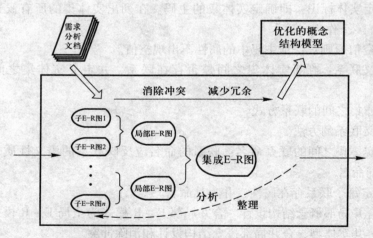

图 3-7　概念结构设计阶段工作过程

例 3. 2：根据 3.2.2 节所提供的需求，设计"英才大学学生信息管理系统"全局概念结构。

解：根据需求设计的"英才大学学生信息管理系统"全局概念结构，如图 3-8 所示。

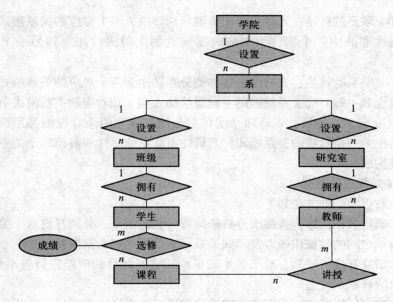

图 3-8 全局概念结构图

3.2.4 逻辑结构设计

数据库逻辑结构设计是在概念模型的基础上进行的，是把概念模型转换成某个数据库管理系统支持的数据模型。

1. 逻辑结构设计的目标

逻辑结构设计的目标是在概念结构设计的基础上，在一定的原则指导下将概念模式结构转换为某个具体 DBMS 所支持的数据模型相符合的、经过优化的逻辑结构。

2. 逻辑结构设计的工作任务

逻辑结构设计的具体工作任务如下。

（1）选定 DBMS。

（2）将概念模式转换为 DBMS 支持的数据模型（全局关系模式）。

（3）利用规范化原则优化（良好全局关系模式）。

（4）数据模型完整性（关系的完整性相关约束）。

3. 概念模型转换成逻辑结构的原则

（1）实体型的转换。对于概念结构中的每个实体型，设计一个关系模式与之对应，使该关系模式包含实体型的所有属性。通常用下画线来表示关系模式的主码所包含的属性。

（2）联系的转换。

① 1:1 联系的转换：先将两个实体型分别转换为两个对应的关系模式，再将联系的属性和其中一个实体型对应关系模式的主码属性加入到另一个关系模式中。

② 1:n 联系的转换：先将两个实体型分别转换为两个对应的关系模式，再将联系的属性和一端对应关系模式的主码属性加入到 n 端对应的关系模式中。

③ m:n 联系的转换：先将两个实体型分别转换为两个对应的关系模式，再将联系转换为一个对应的关系模式，其属性由联系的属性和前面两个关系模式的主码属性构成。

4. 关系模式的优化

优化数据模型的方法如下。

（1）确定数据依赖，按需求分析阶段所得到的语义，分别写出每个关系模式内部各属性之间的数据依赖以及不同关系模式属性之间数据依赖。

（2）消除冗余的联系，对于各个关系模式之间的数据依赖进行极小化处理，消除冗余的联系。

（3）确定所属范式：根据数据依赖的理论对关系模式逐一进行分析，确定各关系模式分别属于第几范式。注意，并不是规范化程度越高的关系就越优，一般说来，第三范式就足够了。

（4）数据处理是否能合适：根据需求分析阶段得到数据处理的要求，分析这些关系模式是否合适，若不合适对其进行合并或分解。

5. 逻辑结构设计阶段工作过程

逻辑结构设计阶段工作过程如图 3-9 所示。

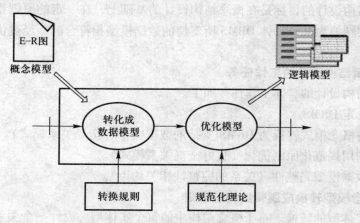

图 3-9 逻辑结构设计阶段工作过程

例 3.3：根据"英才大学学生信息管理系统"数据库的全局概念结构，设计"英才大学学生信息管理系统"数据库的逻辑结构。

解：根据图 3-8 所示"英才大学学生信息管理系统"数据库的全局概念结构图，依据全局概念结构转换逻辑结构的原则，"英才大学学生信息管理系统"数据库的全局关系模式如下。

学院（<u>学院编号</u>，学院名称，院长姓名，电话，地址）

系（<u>系编号</u>，系名称，系主任，电话，教研室个数，班级个数，<u>学院编号</u>）

班级（<u>班级编号</u>，班级名称，班级人数，班长姓名，专业名称，<u>系编号</u>）

学生（<u>学号</u>，姓名，性别，出生年月，籍贯，<u>班级编号</u>）

教研室（<u>教研室编号</u>，教研室名称，教师人数，<u>系编号</u>）

教师（<u>教师编号</u>，姓名，性别，职称，<u>教研室编号</u>）

课程（<u>课程编号</u>，课程名称，学时，学分，学期，<u>教师编号</u>，教室）

成绩（<u>学号，课程编号</u>，成绩）

3.2.5 物理结构设计

数据库物理结构设计阶段是针对一个给定的数据库逻辑模型，选择最适合的应用环境。换句话说，就是能够在应用环境中的物理设备上，由全局逻辑模型产生一个能在特定的 DBMS 上实现的关系数据库模式。

1. 物理结构设计阶段目标

物理结构设计阶段目标是为逻辑数据结构选取一个最适合应用环境的物理结构，包括存储结构和存取方法等。

2. 物理结构设计的工作任务

物理结构设计的具体工作如下。

（1）存储记录结构设计（表的结构）。

（2）确定数据存放位置。

（3）存取方法的设计（触发器与存储过程）。

（4）完整性和安全性考虑。

（5）对物理结构进行评价。

（6）程序设计（前台代码的设计）。

3. 物理结构设计主要方面

（1）确定数据库的物理结构。在设计数据库的物理结构时，要面向特定的数据库管理系统，了解数据库管理系统的功能，熟悉存储设备的性能。确定数据库的物理结构实质上是确定数据库中表的结构及表间关联。

一个关系数据库有多个关系组成，一个关系对应一张二维表，又称其为数据表（简称表），表包含表结构、关系完整性、表中数据及数据间的联系。

（2）关系与表的对应关系。关系与表的对应关系如表 3-1 和图 3-10 所示。

表3-1 关系与表的对应关系术语的对照

关系模型	物理模型	关系模型	物理模型
关系	表	属性	字段
元组	记录	分量	数据项

表（Table）：一个关系是一张二维表，即表。

记录（Record）：关系中的一个元组是表中的一行，即一个记录。

字段（Filed）：关系中的一个属性是表中的一列，即一个字段。

关键字（Key）：关系中的某个属性或属性组构成的主键是表中的某个字段或字段组构成的关键字，标识一个记录。

表结构（Table Structure）：关系模式对应的是表的基本数据结构，如图3-10所示。

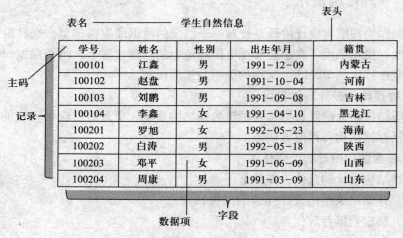

图3-10 关系模式与表

4. 物理模型设计需注意的问题

（1）确定数据的存储结构：设计关系、索引等数据库文件的物理存储结构，需注意存取时间、空间效率和维护代价间的平衡。

（2）选择合适的存取路径：确定哪些关系模式建立索引，索引关键字是什么，等等。

（3）确定数据的存放位置：确定数据存放在一个磁盘上还是多个磁盘上。

（4）确定存取分布：许多 DBMS 都提供了一些存储分配参数供设计者使用（如缓冲区的大小和个数、块的长度、块因子的大小等）。

5. 对物理结构进行评价

在物理结构设计过程中,数据库设计人员就要对这些方案进行评价。

(1)由于在物理设计过程中需考虑的因素很多,包括存取时间和存储空间、维护代价和用户的要求等,对这些因素进行权衡后,可能会产生多种物理设计方案。

(2)该阶段需对各种可能的设计方案进行评价。评价的重点是系统的时间和空间效率,并从多个方案中选出较优的物理结构,若选择的设计方案能够满足逻辑数据模型要求,可进入数据库实施阶段;否则,需要重新设计或修改物理结构,有时甚至还需要对逻辑数据模型进行修正,直到设计出最佳的数据库物理结构。

6. 物理结构设计阶段的工作过程

物理结构设计阶段的工作过程如图 3-11 所示。

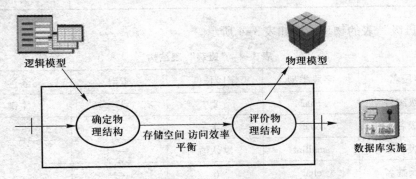

图 3-11 物理结构设计阶段工作过程

例 3.4:根据"英才大学学生信息管理系统"数据库的全局关系模式,设计"英才大学学生信息管理系统"数据库的物理结构。

解:根据"英才大学学生信息管理系统"数据库的每一个关系模式,设计"英才大学学生信息管理系统"数据库的每一个物理表,所有的表结构集合便是"英才大学学生信息管理系统"数据库的物理结构。

"学院"表的物理结构如表 3-2 所示。

表 3-2 "学院"表结构

字段名	字段类型	字段长度	索引	备注
学院编号	char	1	有(无重复)	主键
学院名称	char	4	—	—
院长姓名	char	6	—	—
电话	char	13	—	—
地址	char	5	—	—

"系"表的物理结构如表 3-3 所示。

表 3-3 "系"表结构

字段名	字段类型	字段长度	索引	备注
系编号	char	4	有（无重复）	主键
系名称	char	14	—	—
系主任	char	6	—	—
教研室个数	smallint	默认值	—	—
班级个数	smallint	默认值	—	—
学院编号	char	1	—	外键

"班级"表的物理结构如表 3-4 所示。

表 3-4 "班级"表结构

字段名	字段类型	字段长度	索引	备注
班级编号	char	8	有（无重复）	主键
班级名称	char	4	—	—
班级人数	smallint	默认值	—	—
班长姓名	char	6	—	—
专业	char	10	—	—
系编号	char	4	—	外键

"学生"表的物理结构如表 3-5 所示。

表 3-5 "学生"表结构

字段名	字段类型	字段长度	索引	备注
学号	char	6	有（无重复）	主键
姓名	char	6	—	—
性别	char	2	—	—
出生年月	datetime	默认值	—	—
籍贯	char	50	—	—
班级编号	char	8	—	外键

"教研室"表的物理结构如表 3-6 所示。

表 3-6 "教研室"表结构

字段名	字段类型	字段长度	索引	备注
教研室编号	char	6	有（无重复）	主键
教研室名称	char	14	—	—
教师人数	smallint	默认值	—	—
系编号	char	4	—	外键

"教师"表的物理结构如表 3-7 所示。

表 3-7 "教师"表结构

字段名	字段类型	字段长度	索引	备注
教师编号	char	7	有（无重复）	主键
姓名	char	6	—	—
性别	char	2	—	—
职称	char	8	—	—
教研室编号	char	6	—	外键

"课程"表的物理结构如表 3-8 所示。

表 3-8 "课程"表结构

字段名	字段类型	字段长度	索引	备注
课程编号	char	5	有（无重复）	主键
课程名称	char	12	—	—
学时	smallint	默认值	—	—
学分	smallint	默认值	—	—
学期	smallint	1	—	—
教师编号	char	7	—	—
教室	char	5	—	外键

"成绩"表的物理结构如表 3-9 所示。

表 3-9 "成绩" 表结构

字段名	字段类型	字段长度	索引	备注
学号	char	6	有（无重复）	联合主键
课程编号	char	5	有（无重复）	联合主键
成绩	smallint	默认值	—	—

3.2.6 数据库实施阶段

数据库物理结构一旦设计完成，就进入到整个数据库应用系统中具体设计实施阶段。

1. 数据库实施阶段的目标

数据库实施阶段的目标是用 DBMS 提供的数据定义语言（DDL）和其他实用程序将数据库逻辑结构设计和物理结构设计结果用 DDL 严格描述出来，成为 DBMS 可以接受的源代码，再经过调试产生目标模式，最后将数据装入数据库。在这个阶段，最好常对数据库中的数据进行备份，因为调试期间系统不稳定，容易破坏已存在的数据信息。

2. 数据库实施的工作任务

（1）定义数据库结构（创建数据库、创建表、创建视图）。

（2）组织数据入库（筛选数据，输入数据，校验数据，转换数据）。

（3）编制与调试应用程序。

（4）数据库试运行。

（5）功能测试（性能测试、时空代价、边界测试）。

3. 数据库实施的方法

（1）定义数据库结构：用 DBMS 提供的数据定义语言（Data Definition language，DDL）严格描述数据库结构。

（2）组织数据入库（数据库）：通常数据库应用系统都有数据输入子系统，数据库中数据的载入，是通过应用程序辅助完成的。

（3）编写和调试应用程序：编写和调试应用程序与组织数据入库事实上是同步进行的，编写程序时可用一些模拟数据进行程序调试，等待程序编写完成方可正式输入数据。

（4）数据库试运行：应用程序测试完成，并且已输入一些"真实"数据，就开始了数据库试运行工作，也就进入到数据库联合调试阶段。在这个阶段，最好常对数据库中的数据进行备份，因为调试期间系统不稳定，容易破坏已存在的数据信息。

在数据库实施阶段，如果系统性能未能达到需求指标，则需要返回物理结构设计阶段，修改数据库物理结构，也许还会返回逻辑结构设计阶段，修改数据库逻辑数据模型，然后再重新进行数据库实施阶段的工作。

3.2.7 数据库的使用与维护

数据库应用系统正式投入运行，标志着程序设计任务基本完成，数据库使用与维护又将开始，因此投入运行并不意味着数据库设计工作全部完成。设计好的数据库在使用中需要不断维护、修改和调整，这也是数据库设计的一项重要内容。为了适应物理环境变化、用户新需求的提出，以及一些不可预测原因引起变故，需要对数据库进行不断的维护。

对于数据库的维护通常是由数据库管理员（Database Administrator，DBA）来完成的。

DBA 的主要工作内容有如下几点。

（1）数据库转储和恢复。

（2）数据库安全性和完整性控制。

（3）数据库性能的监督、分析和改进。

（4）数据库的重新组织和重新建构。

3.3 数据库对象

在数据库管理系统中，有不同种类的存储特定信息并支持特定功能的数据库对象。

数据库对象主要包括表、数据类型、视图、索引、约束、存储过程和触发器等，它们的作用如表 3-10 所示。

表 3-10 数据库对象

数据库对象	描述
表	由行、列组成的数据集合，是进行数据存储的最基本的数据源
视图	由表或其他视图导出的数据集合，也可作为其他数据库对象的数据源
索引	为数据快速检索提供支持虚拟，并可以保证数据唯一性的辅助数据结构
约束	用于为表中的字段定义完整性的规则
默认值	为字段提供的默认值
存储过程	存放于服务器的预先编译好的一组 T-SQL 语句

续表

数据库对象	描述
触发器	是特殊的存储过程，当用户表中数据改变时，该存储过程被自动执行
宏	是一个或多个操作命令的集合
模块	是程序设计语言编写的程序集合
报表	它不仅可以将数据库中的数据进行分析、处理的结果通过打印机输出，还可以对要输出的数据完成分类小计、分组汇总等操作
窗体	它主要用于控制操作流程，接收用户信息，表或查询中的数据输入、编辑、删除等操作

微视频 3-1：
Access 创建数据库

微视频 3-2：
SQL Server 创建数据库

微视频 3-3：
VFP 创建数据库

3.4　数据库操作

创建数据库是数据库操作的首要任务，通常是一次性完成，然后就是数据库的维护工作，而数据库维护的操作确是经常性的工作，但是这大都是由数据库管理员（DBA）来完成的。

3.4.1　创建数据库

创建数据库的过程实际上是定义数据库的名称、大小、所有者和存储数据库的文件。

在数据库管理系统中，不是所有的数据库用户都能够创建数据库，只有系统管理员能够创建数据库。

创建数据库的方法很多，不同数据库管理系统软件操作上有些差异，常用的方法如下。

（1）使用向导创建数据库。

（2）使用样本数据库创建数据库。

（3）使用数据库设计视图创建数据库。

（4）使用 SQL 语句创建数据库。

3.4.2　数据库的维护

数据库一旦创建完成，在使用过程中有时需要对其进行修改，另外在使用过程中还需要进行删除一些失效的数据和压缩数据库。

1．查看数据库信息

在使用数据库、维护数据库时，经常需要了解数据库的相关信息，这一信息是在数据库属性窗口显示。

2. 修改数据库

在数据库使用过程中，有时用户会对原有的数据库设置感到不能满足需求，需要对数据库进行修改；也有时会因原先创建数据库时考虑不周而需要对数据库进行修改。

修改数据库的内容如下。

（1）数据文件的大小。

（2）事务日志文件的大小。

（3）文件组访问方式。

（4）对数据库选项进行设置。

（5）用户/角色对数据库使用权限的设置。

3. 压缩数据库

在数据库使用一段时间后，时常因数据的修改和删除使数据库的物理空间有一定的间隙，利用压缩数据库操作，可以压缩数据库文件，减少其磁盘的占有量。

4. 删除数据库

数据库若有损坏，或数据库不再使用，或数据库不能运行，这就需要对这些数据库进行删除操作。

3.5　计算思维漫谈三：数据库建模

数据建模是基于"抽象思维"，采用"约简、聚类、分解和折中"等方法将一个复杂的客观现实通过工具将隐含的物与物、人与人、物与人，以及无形的和有形的各事物之间的关系和机制表述出来，即用形式化方式描述出来。

数据建模的过程，首先要将现实世界的数据特征抽象为概念数据模型表示，然后构造出最优的逻辑数据模式，最终提供使之既能正确反映现实世界的信息及其联系，又能满足用户各种应用需求（信息要求和处理要求）的物理数据模型。

在概念数据模型设计时，我们通常采用"自上而下"的方法，从客观现实的整体出发，用系统的眼光从结构和功能来把握系统。由于系统是由相互作用、相互联系的若干组成部分构成，我们可基于系统功能和用户需求，采用聚类和概括的方法抽象实体模型，通过各类实体间的联系描述完整的系统。这就体现了约简、聚类的思想方法。

在逻辑数据模型设计时，采用"自下而上"的方法，先从关系的内部联系出发，考虑数据完整性、数据的冗余度，然后再通过关系间的关联将客观现实做出整体描述。在逻辑数据模型向物理模型转换过程中，消除不应有的数据冗余并保证系统各部分的关联，这就体现了分解、折中的思想方法。

超市货物的摆放体现聚类的思维，VCD 就是计算机光驱与解码部分的分离体现分解的思维，"退而求其次"便是折中的思维。

本章知识点树

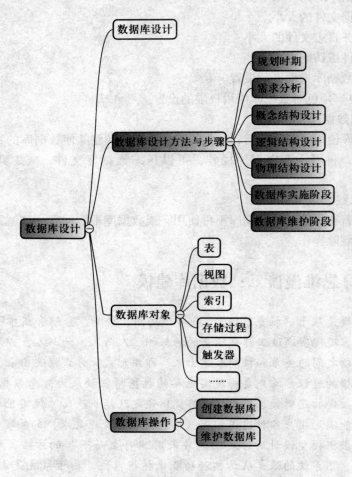

思 考 题

1. 简述数据库设计的步骤。
2. 需求分析阶段的主要工作是什么？
3. 简述数据库概念结构设计方法。
4. 简述数据库逻辑结构设计方法。

5. 简述数据库物理结构设计方法。

6. 数据库实施阶段的主要工作是什么？

7. 数据库对象有哪些？

8. 如何创建数据库？

9. 维护数据库工作有什么？

10. 为什么要压缩数据库？

第4章 表

数据表（简称表）是满足关系模型的一组相关数据的集合，表是数据库对象之一，是数据库中所有数据库对象的基础数据源。表创建与使用通常分别在两个不同的操作环境中进行：一是对表结构进行定义和维护的操作，二是对表中数据进行输入和维护的操作。

4.1 表概述

1. 定义二维表名

设计一张二维表，首先要给表定义一个名字。

2. 设计二维表的栏目

首先要确定表中有几个栏目，然后根据每一个栏目所含内容的不同，设计栏目标题和属性。由此，决定每一列存放数据的具体内容。

3. 填写表的内容

表的总体框架一旦设计完成，就可以依照数据的属性将数据填入表中。

表4-1是学生基本信息的二维表。

表4-1 "学生"表

学号	姓名	性别	出生年月	籍贯	班级编号
130101	江敏敏	男	1990-01-09	内蒙古	J1011301
130102	赵盘山	男	1990-02-04	北京	J1011301
130103	刘鹏宇	男	1990-03-08	北京	J1011301
130104	李金山	女	1990-04-10	上海	J1011301
130201	罗旭候	女	1990-05-23	海南	J1011302
130202	白涛明	男	1990-05-18	上海	J1011302
130203	邓平军	女	1990-06-09	北京	J1011302
130204	周健翔	男	1990-03-09	上海	J1011302

从表4-1中可以看到，它由以下几部分组成。

（1）表的名字：每张表都有一个名字，是用来概括表的内容，如表4-1的名字为"学生"。

（2）表的栏目：表中每列的栏目标题序列称为表头，标明了某一列诸多事物某一属性对应的数据，如表4-1中的"学号"、"姓名"、"性别"、"出生年月"、"籍贯"和"班级编号"便是栏目名。

（3）表中每行的数据是表的具体内容，由每行中具体的数据项组成，某一行标明了某一具体事物的基本内容。如表4-1中，第六行反映的是姓名为"白涛明"的个人情况。

4. 定义表的结构

在数据库管理系统中，一张二维表对应一个数据表，称为表文件（Table），一个数据库可以创建多个表。

定义表的结构，就是根据二维表的定义来确定表的组织形式，也即定义表中的列个数，每一列的列名、列类型、列长度及是否以该列建立索引等。

由上可知，一张二维表由表名、表头、表的内容三部分组成，一个表则由表名、表的结构、表的记录三要素构成。具体地包括以下几点。

（1）表的文件名相当于二维表中的表名，它是表的主要标识。用户就是依靠表名向表存取数据或使用表。

（2）表的结构相当于二维表的表头，二维表的每一列对应了表中的一个字段，其属性是由字段名、字段类型和字段长度而决定的。

如果以表4-1的内容创建一个表，它的结构可以按表4-2定义。

表4-2 "学生"表的结构

字段名	字段类型	字段长度	小数点	索引类型
学号	字符型	6	—	主键
姓名	字符型	6	—	—
性别	字符型	2	—	—
出生年月	日期	Datetime	—	—
籍贯	字符型	50	—	—
班级编号	字符型	7	—	—

（3）表的记录是表中不可分割的基本项，即二维表的内容。

一个表的大小，主要取决于它拥有的数据记录的多少，不包含记录的表又称为空表。

4.2 数据类型

数据类型是指字段、存储过程参数、表达式和变量的数据特征。

一般情况下，数据若想存储到数据库中，就要创建表，创建表需要定义表中每个字段的属性，其中就要定义字段的数据类型；再有如果引用变量对数据进行处理时，也需要定义变量的数据类型。

以下介绍的是常见的数据库管理系统基本数据类型。

4.2.1 字符型

1. 字符型数据的组成

字符型数据可由 ASCII 字符集和 Unicode 字符集组成。

其中，由 ASCII 字符集组成的字符型数据，有定长字符型［Char(n)］、变长字符型［Vachar(n)］和文本型（Text）。

由 Unicode 字符集组成的字符型数据，有定长字符型［Nchar(n)］、变长字符型［Nvachar(n)］和文本型（Ntext）。

2. 常见的字符型数据的特性

常见的字符型数据的特性，如表4-3所示。

表4-3　常见的字符型数据

类型	长度	范围
Char(n)	n 字符长	1~8 000（实际长度不足 n 时，则在串的尾部添加空格）
Vachar(n)	实际字符长	1~8 000（n 是字符串可达到的最大长度）
Text	实际字符长	$2^{31}-1$ 个字符
Nchar(n)	n 字符长两倍	1~4 000
Nvachar(n)	实际字符长两倍	1~4 000
Ntext	实际字符长两倍	$2^{31}-1$ 个 Unicode 字符

4.2.2 数值型

1. 数值型数据的组成

数值型是描述定量数据的数据类型，是最常用的数据类型之一，具体可细分为以下5种类型。

（1）整数型：用于存储整型数据，有大整型（BigInt）、整型（Int/Integer）、短整型（Smallint）和微短整型（Tinyint）。

（2）精确数值型：用于存储带小数的完整的十进制数。

声明精确数值型数据类型的格式：

Numeric/Decimal(p[,s])

其中，p 为精度；s 为小数点位数，s 的默认值为0。

精确数值型长度随精度的值而改变，精度为1~9时，长度为5；精度为10~19时，长度为9；精度为20~28时，长度为13；精度为29~38时，长度为17。

（3）浮点型：也称近似数值型，它不能精确地表示数据的精度，有 Float 和

Real 两种类型。

（4）货币型：数据是专门处理货币的数据类型，在数据的第一个数字前冠一个货币符号（$），整数位超过 3 个字符长，自动加分隔符，有 Money 和 Smallmoney 两种类型。

（5）位型（Bit）：相当于其他语言中的逻辑型数据，用于表示真或假。

2. 常见的数值型数据的特性

常见的数值型数据的特性，如表 4-4 所示。

表 4-4　常见的数值型数据

类型	长度	范围
BigInt	8 字节	− 9 223 372 036 854 775 808 ~ 9 223 372 036 854 775 807
Int/Integer	4 字节	− 2 147 483 648 ~ 2 147 483 647
Smallint	2 字节	− 32 768 ~ 32 767
Tinyint	1 字节	0 ~ 255
Numeric/Decimal(p[,s])	长度随精度而定	− 10^38 + 1 ~ 10^38 − 1
Float（n）	4 字节	− 3.4E + 38 ~ 3.4E + 38（ n 在 1 ~ 24）之间
Float（n）	8 字节	− 1.79E + 308 ~ 1.79E + 308（ n 在 25 ~ 53）之间
Real	4 字节	− 3.4E + 38 ~ 3.4E + 38
Money	8 字节	− 922 337 203 685 477.580 8 ~ 922 337 203 685 477.580 7
Smallmoney	4 字节	− 214 748.364 8 ~ 214 748.364 7
Bit	1 字节	0（真）或 1（假），非 0 也视为 1

4.2.3 日期时间型

1. 日期时间型的分类

日期时间型用于存储日期和时间的数据类型，分为 Datetime 日期时间型和 Smalldatetime 日期时间型两种。

2. 常见的日期时间型的特性

常见的日期时间型数据的特性，如表 4-5 所示。

表 4-5　常见的日期时间型数据

类型	长度	范围
Datetime	8 字节	1753 年 1 月 1 日 ~ 9999 年 12 月 31 日
Smalldatetime	4 字节	1950 年 1 月 1 日 ~ 2049 年 6 月 6 日

4.2.4　二进制数据类型

二进制数据类型常用于存储图像数据、有格式的文本数据（如 Word、Excel 文件）、程序文件数据等。

Binary［(n)］数据的存储长度是 $n+4$ 个字节，当输入的实际数据小于 n 时，余下部分填充 0，当输入的实际数据大于 n 时，多余部分被截断。

Varbinary［(n)］数据的存储长度是可变的，它为实际数据长度加 4 个字节。

无论是 Binary 还是 Varbinary 数据类型，n 的取值为 1～8 000。

Image 也是二进制数据类型，其长度是 $2^{31}-1$ 个字节。

在输入二进制数据时，前导标识为 "0x"。

4.2.5　其他数据类型

1. 时间戳数据类型

时间戳数据类型（Timestamp）是一种自动记录时间的数据类型。

当表中的字段定义了时间戳数据类型，如果对其进行行插入、删除和更新操作，则系统自动将数据库的当前时间戳插入到时间戳字段中。表中只能有一个时间戳字段，另外时间戳字段不能用做主键和外键。

时间戳数据类型也是二进制数据类型，其长度是 8 个字节。

2. 唯一标识符数据类型

唯一标识符数据类型（Uniqueidentifier）是 SQL Server 系统根据网络适配器地址和主机 CPU 的唯一标识而生成的全局唯一标识符代码（GUID）。

唯一标识符数据类型也是二进制数据类型，其长度是 16 个字节。

3. 游标数据类型

游标数据类型（Cursor）用于创建游标变量，或定义存储过程的输出参数。

游标数据是 SELECT 语句返回的结果数据。

4. 变体数据类型

变体数据类型（SQL‐Variant）是可以存储 Text、Ntext、Image、Timestamp、SQL‐Variant 以外的任何数据。

变体数据类型可用于字段变量、参数、内存变量和用户自定义函数的返回值。

5. 通用型

通用型（General）数据仅用于表中的字段类型定义，它实际上是一种特殊的备注型数据，系统规定它的固定长度为 4 位，是用来存储 Windows 的 OLE（对象连接与嵌入）对象，如图像、声音、电子表格等。

6. XML

XML 是一种用于标记电子文件使其具有结构性的标记语言。

它可以用来标记数据、定义数据类型，是一种允许用户对自己的标记语言进行定义的源语言。XML 能够以灵活有效的方式定义管理信息的结构。以 XML 格式存储的数据不仅有良好的内在结构，而且易于进行数据交流和开发。

4.3 创建表

创建表的过程，实际上是定义表的结构、确定表的组织形式的过程，即定义表的字段个数、字段名、字段类型、字段宽度、建立索引以及完整性定义等。

表结构设计得好与坏，决定了使用效果，表中数据的冗余度、共享性及完整性的高低，直接影响着数据表的"质量"。

创建表有多种方法，可以利用"数据库管理系统"提供的"向导"、表结构"设计视图"和 SQL 语句进行，无论是什么数据库软件环境，都有这 3 种创建表的操作方法。

4.3.1 利用表设计视图创建表

在多数的数据库管理系统中，创建表多数是在表设计视图环境下进行的。

例 4.1：使用表设计视图创建表。

操作步骤如下。

（1）打开数据库。

（2）在"系统"窗口，选择"表"为操作对象。

（3）打开表"设计视图"。

（4）在表"设计视图"窗口，根据表 4-2 的内容，逐一定义表中所有字段的名字、类型、宽度，如图 4-1 所示。

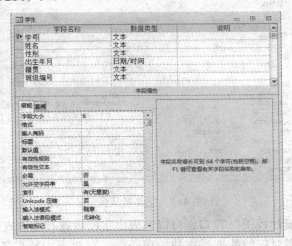

图 4-1 表设计视图

（5）在表"设计视图"窗口，可以为表中字段创建索引，有了索引，表中的数据可按照索引值有序排字段，如图4-2所示。

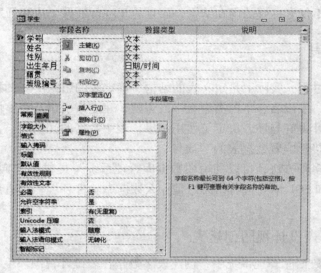

图4-2 创建索引

（6）在表"设计视图"窗口，可以为表中字段定义默认值，这样会加快数据输入的速度，提高数据输入的正确性，如图4-3所示。

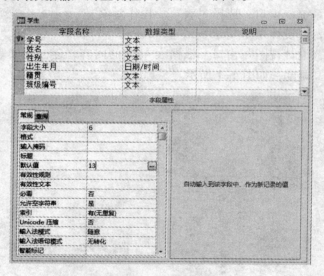

图4-3 定义默认值

（7）在表"设计视图"窗口，可以为表中字段设置有效性规则，有效性规则是对表中指定字段对应的数据操作的约束条件，在对表中数据进行插入、修改、删除操作时，若不符合字段的有效性规则，系统将显示提示信息，并强迫光标停留在该字段所在的位置，直到数据符合字段有效性规则为止，如图4-4所示。

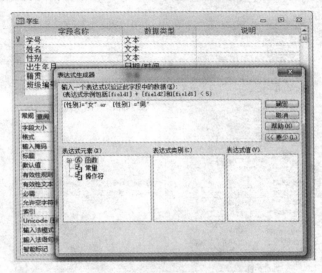

图4-4 设置有效性规则

（8）在表"设计视图"窗口，可以为表中字段定义输出格式，定义了字段输出格式，在进行数据浏览时，该名下的数据就会按定义的字段输出格式进行显示，如图4-5所示。

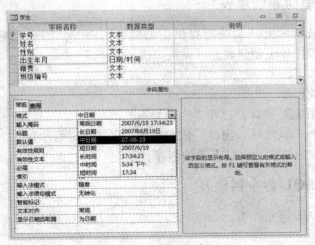

图4-5 定义输出格式

（9）在表"设计视图"窗口，可以为表中字段定义数据显示标题，这样在命名字段名称时，就可以用英文缩写或拼音字符，以字符命名字段名称，以使对字段进行操作、描述字段时简捷，特别是会在编程时带来很多便利，如图4-6所示。

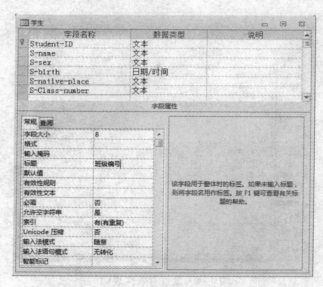

图4-6 定义数据显示标题

（10）保存表结构设计，结束表的创建。

4.3.2 利用表向导创建表

大多数的数据库管理系统都提供了创建表的向导，用户可根据"表向导"设计器提供的操作导引创建表。

操作步骤如下。

（1）打开数据库。

（2）在"系统"窗口，打开"表向导"。

（3）在多个"表向导"窗口，依次选择、定义指定的参数。

（4）保存表结构设计，结束表的创建。

4.3.3 利用 SQL 命令创建表

创建表的 SQL 语句如下。

语句格式：

CREATE TABLE <表名 >

（[<字段名 1 >]类型（长度）[默认值][字段级约束]

[,<字段名 2 >数据类型[默认值][字段级约束]]…

[,UNIQUE（字段名[,字段名]…）]

[，PRIMARY KEY（字段名［，字段名］…）]

[，FOREIGN KEY（字段名［，字段名］…）

REFERENCES 表名（字段名［，字段名］…）]

[，CHECK（条件）])

功能：建立一个以＜表名＞为名称的表。

几点说明：

（1）＜表名＞：所要定义的基本表的名字。

（2）＜字段名＞：组成该表的各个属性（字段）。

（3）＜字段级约束＞：涉及相应属性字段的完整性约束条件。

（4）＜表级约束＞：涉及该表的多个属性字段，则必须定义在表级上。

（5）在 SQL Server 系统中，有如下 5 种约束。

① DEFAULT：默认值约束。

② UNIQUE：唯一性约束。

③ PRIMARY KEY：主键约束。

④ FOREIGN KEY：外键约束。

⑤ CHECK：检查约束。

例 4.2：使用 SQL 语句创建表，参照表 4-2 所示字段的表的结构，创建"学生"表。

操作步骤如下。

（1）打开数据库。

（2）打开"SQL"设计器，如图 4-7 所示。

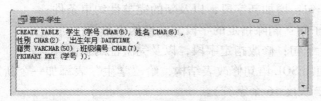

图 4-7 用 SQL 创建表

SQL 语句如下：

CREATE TABLE 学生 （学号 CHAR(6)，姓名 CHAR(6)，

性别 CHAR(2)，出生年月 DATETIME，

籍贯 VARCHAR(50)，班级编号 CHAR(7)，

PRIMARY KEY（学号））;

（3）保存并运行，结束表的创建。

4.3.4 表结构的维护

在创建表时，常常会因为考虑不周、操作不慎或不适应新的变化，使得表的结构设计得不尽合理，这就需要对表的结构进行某些修改。另外，若选择使用表向导创建表，一般情况下也要修改表结构。

修改表结构有如下两种方法。

1. 利用表"设计视图"修改表结构

操作步骤如下。

（1）打开数据库。

（2）打开表"设计视图"。

（3）在表"设计视图"窗口，修改指定的参数。

（4）保存表结构设计，结束表结构的修改。

2. 修改表结构的 SQL 语句

语句格式：

　　　ALTER TABLE <表名>

　　　［ADD <新字段名> <数据类型>［完整性约束］］

　　　［DROP <完整性约束名>］

　　　［ALTER COLUMN <字段名> <数据类型>［完整性约束］］；

功能：修改表结构。

几点说明。

① <表名>：要修改的基本表；

② ADD 子句：增加新字段，以及新的完整性约束条件；

③ DROP 子句：删除指定的字段完整性约束条件；

④ ALTER 子句：修改指定字段，以及完整性约束条件。

例 4.3：使用 SQL 语句修改表结构，给"学生"表添加一个新字段（联系方式，字符类型，长度 16 个字符）。

操作步骤如下。

（1）打开数据库。

（2）打开"SQL"设计器，如图 4-8 所示。

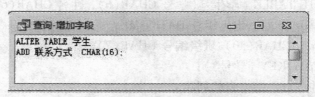

图 4-8 用 SQL 增加字段

SQL 语句如下：

> ALTER TABLE 学生
>
> ADD 联系方式 CHAR(16)；

（3）保存表结构设计，结束表结构的修改。

例 4.4：使用 SQL 语句修改表结构，删除"学生"表中的字段（籍贯）。

操作步骤如下。

（1）打开数据库。

（2）打开"SQL"设计器，如图 4-9 所示。

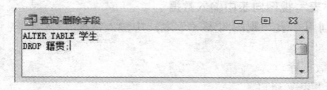

图 4-9　用 SQL 删除字段

输入如下命令：

> ALTER TABLE 学生
>
> DROP 籍贯；

（3）保存表结构设计，结束表结构的修改。

例 4.5：使用 SQL 语句修改表结构，修改"学生"表中的字段（联系方式，长度从 16 个字符改为 26 个字符）。

操作步骤如下。

（1）打开数据库。

（2）打开"SQL"设计器，如图 4-10 所示。

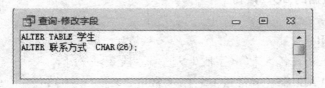

图 4-10　用 SQL 修改字段属性

输入如下命令：

> ALTER TABLE 学生
>
> ALTER 联系方式 CHAR(26)；

（3）保存表结构设计，结束表结构的修改。

4.4 表中数据操纵

创建表以及表结构的维护是有关表中字段（字段）的操作，向表中输入数据、修改和删除表中的数据是有关表中记录（行）的操作。

4.4.1 插入数据

插入数据就是向表中添加数据，可以使用"表"视图和 SQL 语句来完成。

1. 利用"表"视图向表中输入数据

例 4.6：利用"表"视图向表（学生）中输入数据。

操作步骤如下。

（1）打开数据库。

（2）打开"表"窗口。

（3）在"表"窗口，依次向表（学生）输入数据，如图 4-11 所示。

图 4-11 表中数据输入

（4）保存表，结束表（学生）中数据的输入。

2. 输入数据的 SQL 语句

语句格式：

    INSERT
    INTO ＜表名＞［（＜字段 1＞［，＜字段 2＞…）］
        VALUES（＜常量 1＞［，＜常量 2＞］ …）；

功能：插入单个记录。

几点说明：

① INTO 子句：指定要插入数据的表名及字段，字段的顺序可与表定义中的顺序不一致，没有指定字段表示要插入的是一条完整的记录，且字段属性与表定义中的顺序一致，指定部分字段表示插入的记录在其余字段上取空值。

② VALUES 子句：提供的值必须与 INTO 子句匹配（值的个数及类型）。

例 4.7：利用 SQL 语句向表（班级）输入数据。

操作步骤如下。

（1）打开数据库。

（2）打开"SQL"设计器，如图4-12所示。

图4-12　用SQL向表中输入数据

SQL语句如下：

INSERT INTO 班级（班级编号,班级名称,班级人数,班长姓名,专业名称,系编号）

VALUES（'J1011401 ','0601 ', 35,'王冬','软件工程','J101 '）;

（3）保存表，结束表（班级）中数据的输入。

4.4.2 修改数据

当表创建完成后，表中的数据和结构已基本确定，可以在"表设计"窗口显示、修改表结构并可在"表"视图中对表中的数据进行显示和修改。

对表中的数据进行修改，可以使用"表"视图和SQL语句来完成。

1. 利用"表"视图修改表中数据

例4.8：利用"表"视图，修改表（学生）中的数据（李金山改李高山）。

操作步骤如下。

（1）打开数据库。

（2）打开"表"窗口。

（3）在"表"窗口，修改表（学生）输入数据，如图4-13所示。

微视频4-4：
Access 数据维护

图4-13　表中数据修改

（4）保存表，结束表（学生）中数据的修改。

2. 修改数据的 SQL 语句

语句格式：

UPDATE ＜表名＞

　　SET ＜字段名＞=＜表达式＞[,＜字段名＞=＜表达式＞]…

［WHERE ＜条件＞］；

功能：更新指定表中满足 WHERE 子句条件记录的对应的数据。

几点说明。

（1）SET 子句：指定修改方式，要修改的字段，修改后取值。

（2）WHERE 子句：指定要修改的记录，默认表示要修改表中的所有记录。

（3）DBMS 在执行修改语句时会检查修改操作是否破坏表上已定义的完整性规则。

例 4.9：利用 SQL 语句，修改表（学生）中的数据（李高山改李金山）。

操作步骤如下。

（1）打开数据库。

（2）打开"SQL"设计器，如图 4-14 所示。

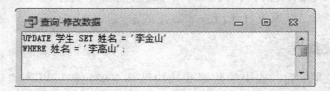

图 4-14 用 SQL 进行表中数据修改

SQL 语句如下：

UPDATE 学生 SET 姓名 ='李金山'

WHERE 姓名 ='李高山'；

（3）保存表，结束表（班级）中数据的输入。

4.4.3 删除数据

表中的数据有时随着时间的推移会失效；或有时因操作不当使数据出现错误；还有时因数据的来源不准确，造成表中的数据不正确；这些有误的数据通常需要从表中删除掉。

删除表中的数据，可以使用"表"视图和 SQL 语句来完成。

1. 利用"表"视图删除表中数据

例 4.10：利用"表"视图，删除表（班级）中的数据（班长姓名为王冬）。

操作步骤如下。

（1）打开数据库。

（2）打开"表"窗口。

（3）在"表"窗口，删除表（班级）中数据，如图 4-15 所示。

（4）保存表，结束表（学生）中数据的修改。

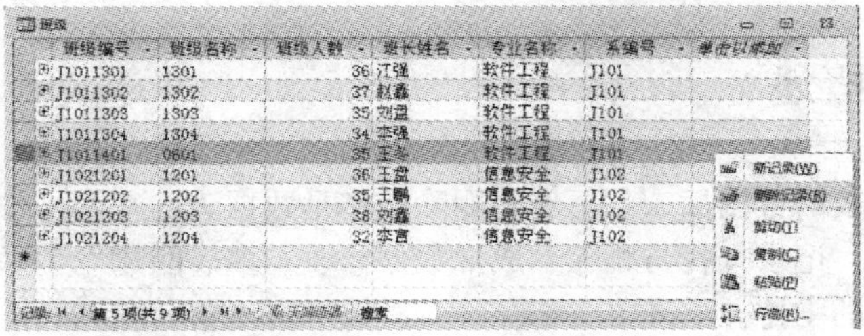

图 4-15 删除表中数据

2. 删除数据的 SQL 语句

语句格式：

    DELETE
    FROM   <表名>
    [WHERE <条件>];

功能：删除指定表中满足 WHERE 子句条件的记录。

几点说明：

① WHERE 子句：指定要删除的记录应满足的条件，默认表示要删除表中的所有记录。

② DBMS 在执行删除语句时会检查所删除记录是否破坏表已定义的完整性规则。

例 4.11：利用 SQL 语句，删除表（班级）中的数据（班长姓名为王冬）。

操作步骤如下。

（1）打开数据库。

（2）打开"SQL"设计器，如图 4-16 所示。

图 4-16 用 SQL 进行表中数据删除

SQL 语句如下：

    DELETE FROM 班级
    WHERE 班长姓名='王冬';

（3）保存表，结束表（班级）中数据的删除。

4.5　索引概述

有关数据表的数据插入、更新和删除操作是数据表的基本操作，而针对记录的排字段顺序、记录查找与删除、成批数据修改、多表间建立关联等操作，大都需要索引技术的支持。

4.5.1　什么是索引

索引是按照索引表达式的值，使表中的记录有序排字段的一种技术。也可以说，索引是在表中的字段基础上建立的一种数据库对象，它由 DBA 或表的拥有者负责创建和撤销，其他用户不能随意创建和撤销索引，创建或撤销索引，对表毫无影响；索引由系统自动选择和维护；另外，索引也是创建表与表之间关联关系的基础。

一般情况下，表中记录的顺序是由数据输入的前后顺序决定的，并用记录号予以标识。除非有记录插入或者有记录删除，否则表中的记录顺序总是不变的。如果创建了一个索引（非聚簇索引），便建立一个专门存放索引项的结构，在该结构中保存索引项的逻辑顺序，并记录指针指向的对应物理记录，将改变其表中记录的逻辑顺序。

若为某个表创建了索引，表的存储便由两部分组成：一部分用来存放表的数据页面；另一部分存放索引页面（聚簇索引没有索引页面）。索引就存放在索引页面上。通常索引页面相对于数据页面来说小得多。当进行数据检索时，系统先搜索索引页面，从中找到所需数据的指针，再直接通过指针从数据页面中读取数据。

如果对一个数据量较为庞大的表进行操作，所有的数据库程序在检索所需的数据时，将顺序扫描整个数据页面，这样要耗费极大的时间。但是如果事先为此表建立了相关的索引，利用索引页面指针指向对应的物理记录，将非常快速地完成操作。索引与图书的索引目录相同，图书中的索引指明了章、节、目的页码，而表的索引指明由某一字段值的大小决定了记录排字段的顺序。

4.5.2　索引的分类

索引可分为聚簇索引、非聚簇索引和唯一索引 3 种类型。

1. 聚簇索引

聚簇索引（也称聚集索引）使表中记录的顺序按照聚簇索引的顺序存放，

使得数据表物理顺序与索引顺序一致。因此，一个表中只能有一个聚簇索引，一个聚簇索引可以是一个字段，也可以是多个字段（包含多个字段的聚簇索引，也称为复合索引）。

由于建立聚簇索引时要改变表中数据的物理顺序，通常是在其他非聚簇索引没有建立之前先创建聚簇索引。

有以下几种情况适合建立聚簇索引。

（1）PRIMARY KEY 约束。

（2）表中包含大量非重复的字段值。

（3）使用查询运算符（BETWEEN、>、<=、>=、=）返回一个范围的记录。

（4）被连续访问的字段。

（5）GROUP BY 子句的查询。

2. 非聚簇索引

非聚簇索引（也称非聚集索引）不影响表中记录的实际存储顺序，具有完全独立于表中记录的顺序的结构。非聚簇索引的信息，包含了非聚簇索引的键值和指针，每个键值项都有一个指针，并指向包含该键值的数据记录。

对有非聚簇索引的表进行检索数据操作时，是先对非聚簇索引进行检索，然后找到数据在表中的位置，再从该位置返回所要检索的数据。

表一经建立了非聚簇索引，就要使用一定存储空间存放索引页，而且它的检索效率也比聚簇索引低，但是因为一个表中只能建立一个聚簇索引，当用户需要多个索引时，最好使用非聚簇索引。在 SQL Server 系统中，一个表可以创建 249 个非聚簇索引。

有以下几种情况适合建立非聚簇索引。

（1）表中包含大量非重复的字段值。

（2）经常需要进行连接和分组操作的字段。

（3）WHERE 子句的查询。

3. 唯一索引

在建立索引时，作为索引项的字段中不允许有重复值（包含空值 NULL），如果是由多个字段建立的唯一索引，其每个记录的多个字段的组合值也同样不能重复。

有以下几种情况可建立唯一索引。

（1）PRIMARY KEY 约束。

（2）UNIQUE 约束。

（3）使用 CREATE INDEX 命令选择 UNIQUE 子句。

4.5.3 建立索引的规则

1. 索引的创建和维护由数据库管理员和数据库管理软件完成

（1）索引由 DBA 或表的拥有者负责创建和撤销，其他用户不能随意创建和撤销索引。

（2）索引由系统自动选择，或由用户打开，用户可执行重索引操作。

2. 是否创建索引取决于表的数据量大小和对查询的要求

（1）基本表中记录的数量越多，记录越长，越有必要创建索引，创建索引后，加快查询速度的效果明显。

（2）记录较少的表，创建索引意义不大。

（3）索引要根据数据查询或处理的要求而创建（对那些查询频度高、实时性要求高的数据一定要建立索引，否则不必考虑创建索引的问题）。

3. 一个表，不要建过多索引

（1）索引文件占用文件目录和存储空间，索引过多会使系统负担加重。

（2）索引需要自身维护，当基本表的数据增加、删除或修改时，索引文件要随之变化，以保持与基本表一致。

（3）索引过多会影响数据增加、删除、修改的速度。

4. 避免使用索引的情形

（1）包含太多重复值的字段。

（2）查询中很少被引用的字段。

（3）值特别长的字段。

（4）查询返回率很高的字段。

（5）具有很多 NULL 值的字段。

（6）需要经常插入、删除、修改的字段。

（7）记录较少的基本表。

（8）需进行频繁、大批量数据更新的基本表。

4.6 索引操作

创建和维护索引可在表设计视图中进行。

4.6.1 创建索引

创建索引可以使用表"设计视图"和 SQL 语句来完成。

1. 利用表"设计视图"创建索引

例 4.12：利用表"设计视图"，给表（系）中的字段（系编号）创建主索引。

操作步骤如下。

（1）打开数据库。

（2）打开表"设计视图"窗口。

（3）在表"设计视图"窗口，选定要建立索引的字段，选择"常规"选项卡，打开"索引"下拉列表框，选择其中的"索引"选项，如图4-17所示。

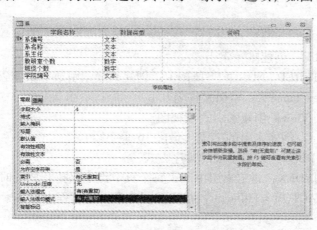

图4-17　"索引"下拉列表框

"索引"下拉列表框中包含以下几项。

① 无：表示该字段无索引。

② 有（有重复）：表示该字段有索引，且索引字段的值是可重复的。

③ 有（无重复）：表示该字段有索引，且索引字段的值是不可以重复的。

在这一窗口定义的索引字段（系编号），其索引文件名、索引字段、排序方向都是系统根据选定的索引字段而定的，是升序排字段。

（4）保存表（系），结束索引的定义。

2. 创建索引的 SQL 语句

语句格式：

```
CREATE  [UNIQUE][CLUSTERED | NONCLUSTERED]
    INDEX  <Index_Name>
    ON {Table | View}(Column [ASC | DESC][,…n])
        [WITH
            [PAD_INDEX]
            [[,] FILLFACTOR = Fillfactor]
        [[,] IGNORE_DUP_KEY]
```

$$[[,] DROP\_EXISTING]$$
$$[[,] STATISTICS\_NORECOMPUTE]$$
$$[[,] SORT\_IN\_TEMPDB]$$
$$]$$

[ON Filegroup]

命令功能：为指定的表或视图，创建唯一索引，或聚簇索引，或非聚簇索引。

几点说明。

（1）UNIQUE：创建唯一索引。

（2）CLUSTERED | NONCLUSTERED：创建聚簇索引或非聚簇索引。

（3）< Index_name >：索引文件名。

（4）Table | View：创建索引表或视图。

（5）Column：创建索引的字段（最多16个字段）。

（6）ASC | DESC：索引字段的排序方式。

（7）PAD_INDEX：指定索引中间级每个页节点上保持开放的时间。

（8）FILLFACTOR = Fillfactor：指定在创建索引的过程中，各索引页叶级的填满程度。

（9）IGNORE_DUP_KEY：控制当向创建唯一索引的字段插入重复值时所发生的情况。

（10）DROP_EXISTING：除去名称相同的聚簇索引或非聚簇索引。

（11）STATISTICS_NORECOMPUTE：指定分布统计不自动更新。

（12）SORT_IN_TEMPDB：指定用于创建索引的分类排序结果将被存储到Tempdb 数据库中。

（13）ON Filegroup：指定索引文件所在的文件组。

4.6.2 查看索引

查看索引可以使用表"设计视图"和 SQL 语句来完成。

1. 利用表"设计视图"查看索引

例 4.13：利用表"设计视图"，查看表（学生）中的字段（班级编号）的索引。

操作步骤如下。

（1）打开数据库。

（2）打开表"设计视图"窗口。

（3）在表"设计视图"窗口，选定要查看索引的字段，选择"常规"选项卡，打开"索引"下拉列表框，选择其中的"索引"选项，如图 4-18 所示。

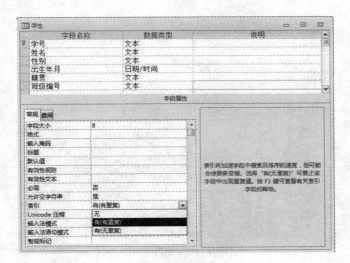

图 4-18　查看索引

2. SQL 语句查看索引

语句格式：

　　SP_HELPINDEX　　< @ ObjName >

命令功能：查看当前数据库中，表所创建索引的情况。

4.6.3　删除索引

删除索引可以使用表"设计视图"和 SQL 语句来完成。

1. 利用表"设计视图"删除索引

例 4.14：利用表"设计视图"，删除表（学生）中的字段（班级编号）的索引。

操作步骤如下。

（1）打开数据库。

（2）打开表"设计视图"窗口。

（3）在表"设计视图"窗口，选定要删除索引的字段，在"索引"下拉列表框中，选择"无"选项，如图 4-19 所示。

2. 删除数据的 SQL 语句

语句格式：

　　DROP INDEX Table. index | View. index［,…n］

命令功能：删除当前数据库中，表或视图所创建的索引。

微视频 4-8：
SQL Server 删除
索引

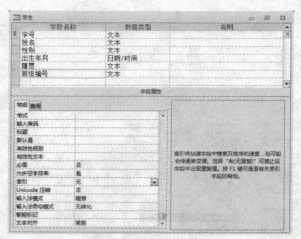

图4-19　删除索引

4.7　计算思维漫谈四：信息收集与发现

　　利用数据库对信息收集并进行运算是对现实事物存在状态的超越，只有依照"计算思维"的方式进入客观世界的视野，自然、人类、社会才能最终得以改造。客观世界万物之间信息的关联，不仅仅停留在数字的层次上，更重要的是信息技术意义上信息与实物、精神之间联系的客观性。一旦人类对信息加以深层次的挖掘，就会发现信息的价值与意义。

　　数据库表面上看其结构"简单"，但它表现的"现实事物"超越物理时空的结构体系，数据库中的数据的呈现、配置、操纵有其内在形式。"计算思维利用海量数据来加快计算，在时间和空间之间，在处理能力和存储容量之间进行权衡。"（周以真）这一说法所体现的思想方法很好地诠释了数据的存储和数据查询过程中的计算思维。在进行数据查询时，我们通常要使用提高数据查询速度的索引技术，由于索引要占用物理存储空间，且需要维护，我们就要权衡时间和空间之间的取舍问题。在进行数据库表创建的过程中，一些相关的信息在一个表中存储，就会出现数据的冗余，为了消除数据冗余和操作异常，按照关系进行规范化原则，将其分成多个具有联系的数据表，消除了不应有的函数依赖，这样数据冗余小了，占用的存储空间少了，但数据的查询时间却要增加。这就需要权衡存储空间和查询速率两者间的关系。生活中无处不存在这种需求折中思想局面，很多事物都有两个方面，它不一定绝对好，也不一定绝对坏。生活中，人们不时地要面对选择，权衡极为重要。"失去一个机会，也许会有十个机会，得到一个机会，也许会失去十个机会"，这就走到了思维的哲学层面。

本章知识点树

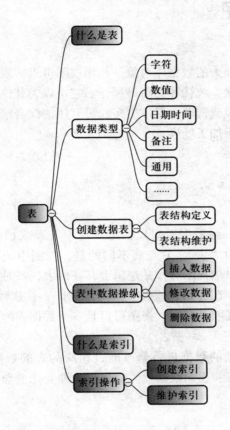

思　考　题

1. 简述表创建时的主要内容。
2. 定义表结构应定义哪些内容?
3. 如何进行表中数据的输入?
4. 如何进行表中数据的修改?
5. 删除数据表与删除数据表中的数据有什么不同?
6. 表结构的修改如何进行?
7. 简述什么是索引。
8. 索引作用是什么?
9. 索引分几种类型,各自有什么特点?
10. 索引是如何建立的?

第5章 视图

视图是一个功能强大的数据库对象，利用视图可以实现对数据库中数据的浏览、筛选、排序、检索、统计和更新等操作。它可以为其他数据库对象提供数据来源，可以从若干个表或视图中提取更多、更有用的综合信息，可以更高效率地对数据库中的数据进行加工处理。

5.1 视图概述

1. 什么是视图

视图（View）是一种数据库对象，是从若干个表或视图中按照一种查询的规定抽取的数据组成的"表"。它与表不同的是，视图中的数据还是存储在原来的数据源中，因此可以把视图看作是逻辑上存在的表，或是一个"虚表"。

视图是不能单独存在的，它依赖于某一数据库，且依赖于某一个表或视图，或依赖于多表或多个视图而存在。视图可以是一个数据表的一部分，也可以是多个基表的联合。

当对通过视图看到的数据进行修改时，相应的表的数据也会发生变化，同样，若作为数据源的表和视图数据发生变化，这种变化也会自动地反映到所创建的视图中。

2. 视图特性

（1）视图具有表的外观，可像表一样对其进行存取，但不占据数据存取的物理存储空间。视图并不真正存在，数据库中只是保存视图的定义，因此不会出现数据冗余。

（2）视图是数据库管理系统提供给用户以多种角度观察数据库中数据的重要机制，可以重新组织数据集。在三层数据库体系结构中，视图是外模式，它是从一个或几个表（或视图）中派生出来的。

（3）若表中的数据发生变化，视图中的数据也随之改变。

（4）视图可以隐蔽数据结构的复杂性，使用户只专注于与自己有关的数据，从而可以简化用户的操作，提高了操作的灵活性和便捷性。

（5）视图使多个用户能以多种角度看待同一数据集，也可使多个用户以同种角度看待不同的数据集。

（6）视图对机密数据提供安全保障，在设计数据库应用系统时，对不同的用户定义不同的视图，使机密数据不出现在不应看到这些数据的用户视图上，自动提供了对机密数据的安全保护功能。

（7）视图为数据库重构提供一定的逻辑独立性，如果只是通过视图来存取数据库中的数据，数据库管理员可以有选择地改变构成视图的基本表，而不用考虑那些通过视图引用数据的应用程序的改动。

（8）视图可以定制不同用户对数据的访问权限。

（9）视图的操作与表的操作基本相同，包括浏览、查询、删除、更新、增加新字段，以及定义基于该视图的新视图等。

5.2 创建及维护视图

创建及维护视图与创建表和维护表的操作基本相同，若我们掌握了表的创建及维护，有关视图的操作就会很容易理解。

5.2.1 创建视图

创建视图要指定相关的数据库，指定视图中数据来源的表，定义视图的名称，视图中记录、字段的限制，如果视图中某一字段是函数、数学表达式、常量或者来自多个表的字段名相同，则还须为字段定义名称，以及视图与表的关系。

创建视图可以使用"设计视图"及 SQL 语句两种方式完成。

1. 利用"设计视图"创建视图

操作步骤如下。

（1）打开数据库。

（2）打开"设计视图"。

（3）在"设计视图"窗口，添加用于创建视图的数据源表或视图。

（4）在"设计视图"窗口，选择所需的字段及别名、排序方式和限定记录输出的条件。

（5）保存视图，结束创建视图的操作。

2. 创建视图的 SQL 语句

SQL 语句格式：

```
CREATE VIEW [ < Database_name > . ][ < owner > . ]
    View_name [ ( Column [ ,…n ] ) ]
        [ WITH < View_Attribute > [ ,…n ] ]
    AS
        Select_statement
        [ WITH CHECK OPTION ]
```

< View _ Attribute > ： ： = ｛ENCRYPTION｜SCHEMABINDING｜

VIEW_METADATA｝

命令功能：创建一个视图。

几点说明：

（1）＜Database_name＞：当前数据库。

（2）View_name：视图名称。

（3）Column［,…n］：视图中所选择的字段。

（4）WITH ＜View_Attribute＞［,…n］：视图各字段的占位符。

（5）AS：视图要执行的操作。

（6）Select_statement：构成视图文本的主体。

（7）WITH CHECK OPTION：对通过视图插入的数据进行检验。

（8）ENCRYPTION：对系统表 Syscomments 的 SELECT 语句加密。

例5.1：利用已知表（学生），创建一个视图（学生_班级），用于查看班级学生的分布情况。

SQL 语句如下：

CREATE VIEW 学生_班级

AS

SELECT 学号，姓名，性别，班级编号

FROM 学生；

注意：在创建视图时可以不用指定字段名称，但是在以下情况必须指定：

（1）希望更改表的字段名。

（2）在多表连接时具有相同的字段名称。

（3）视图的字段是表达式产生的。

例5.2：利用已知的表（学生、班级和系），创建一个视图（学生_ 班级_系），用于查看某系（A102）学生的分布情况。

SQL 语句如下：

CREATE VIEW 学生_班级_系

AS

SELECT 系.系名称，班级.班级名称，学生.学号，学生.姓名

FROM 系 INNER JOIN

班级 ON 系.系编号 = 班级.系编号 INNER JOIN

学生 ON 班级.班级编号 = 学生.班级编号

WHERE （dbo.系.系编号 = 'A102'）；

微视频5-3：
VFP 多表视图

5.2.2 更新视图

更新视图可以使用"设计视图"和 ALTER VIEW 命令。

1. 利用"设计视图"更新视图

操作步骤如下。

（1）打开数据库。

（2）打开"设计视图"。

（3）在"设计视图"窗口，更新已创建的视图。

（4）保存视图，结束创建视图的操作。

2. 使用 SQL 语句更新视图

SQL 语句格式：

    ALTER VIEW [< Database_name > .][< owner > .]

      View_name [(Column [,…n])]

        [WITH < View_Attribute > [,…n]]

      AS

        Select_statement

        [WITH CHECK OPTION]

        < View _ Attribute > ∷ = { ENCRYPTION | SCHEMABINDING |

    VIEW_METADATA}

命令功能：更新视图。

几点说明：

（1）ALTER VIEW 命令与 CREATE VIEW 命令参数基本相同。

（2）View_name：待修改的视图名。

例 5.3：修改已有的视图（学生_班级_系），增加一个"性别"字段。

SQL 语句如下：

    ALTER VIEW 学生_班级_系

    AS

    SELECT 系.系名称，班级.班级名称，学生.学号，学生.姓名，学生.
性别

    FROM 系 INNER JOIN

        班级 ON 系.系编号 = 班级.系编号 INNER JOIN

        学生 ON 班级.班级编号 = 学生.班级编号

    WHERE（dbo.系.系编号 = 'A102'）；

微视频 5-4：
SQL Server 修改
视图

5.2.3 删除视图

删除视图可以使用"设计视图"和 DROP VIEW 命令。

1. 利用"设计视图"删除视图

操作步骤如下。

（1）打开数据库。

（2）选择要删除的"视图"为操作对象。

（3）在快捷菜单中，选择"删除"命令。

2. 使用 SQL 语句删除视图

SQL 语句格式：

DROP VIEW ｛View｝［，…n］

命令功能：删除视图。

几点说明：

（1）View：待删除的视图名。

（2）DROP VIEW：一次可以同时删除多个视图。

例 5.4：删除已有的视图（学生_班级）。

SQL 语句如下：

DROP VIEW 学生_班级；

5.3 使用视图

视图的使用方法和表的使用方法基本相同，同样有插入、更新、删除和查询等操作。但是，它毕竟不是表，所以在进行插入、更新、删除和查询操作时有一定的限制。

使用视图的注意事项如下。

（1）使用视图修改表中的数据时，可修改一个表中的数据，若视图是由多个表作为基础数据源创建的，也可修改多个表中的数据。

（2）不能修改那些通过计算得到的字段。

（3）如果在创建视图时指定了 WITH CHECK OPTION 选项，那么所有使用视图修改数据库信息时，必须保证修改后的数据满足视图定义的范围。

（4）执行 UPDATE、DELETE 命令时，所删除与更新的数据必须包含在视图的结果集中。

（5）可以直接利用 SQL 语言中 DELETE 语句删除视图中的行，必须指定视图中定义过的字段，进行删除行操作。

（6）使用 UPDATE 命令更改视图数据（与插入要求类似）。

5.3.1 使用视图插入数据

通过视图"浏览"窗口，依赖视图向基本数据源表中插入数据。

操作步骤如下。

（1）打开数据库。

（2）新建或打开已有的"视图"。

（3）在视图"浏览"窗口，插入新记录。

（4）在"表"窗口，可看到新记录已插入。

微视频5-5：
SQL Server 使用
视图插入数据

5.3.2 使用视图更新数据

虽然视图是一个"虚表"，但是可以利用视图更新数据表中的数据，因为视图可以从表中抽取部分数据，也就可以对表中部分数据进行更新。这样，在更新数据时就可以保证表中其他的数据不会被破坏，由此可以提高数据维护的安全性。

通过视图"浏览"窗口，依赖视图更新基本数据源表中的数据。

操作步骤如下。

（1）打开数据库。

（2）新建或打开已有的"视图"。

（3）在视图"浏览"窗口，更新"视图"中的数据。

（4）在"表"窗口，可看到源表中的数据已更新。

微视频5-6：
SQL Server 使用
视图更新数据

5.3.3 使用视图删除数据

通过视图"浏览"窗口，依赖视图，删除基本数据源表中的数据。

操作步骤如下：

（1）打开数据库。

（2）新建或打开已有的"视图"。

（3）在视图"浏览"窗口，删除"视图"中的数据。

（4）在"表"窗口，可看到源表中的数据已删除。

微视频5-7：
VFP 使用视图更
新数据

5.4 计算思维漫谈五：开放视角

视图的核心是可以进行数据集的重组。在原有的数据源基础上可进行多样性的组合，体现了"加法思维"和"减法思维"。

"加法思维"是将两个相关联的数据集进行合并运算或连接运算，其结果获得一个更大的新的数据集，对于"并"而言，是"纵向"的延伸，往"长里长"，而连接，却是"横向"的扩展，往"宽里扩"。在实践中，所谓"加法"就是"加"的"方法"，是可用来解释两种以上事物的有机组合，会产生 $1+1>2$ 的效果。

"减法思维"是将已有数据集进行数据的过滤，强调针对性和安全性。这为人们提供了观察事物的另一个视角。有的时候把标准降低一点，把负担减少一点，也许会有想不到的结果。例如，2011年9月，由几位斯坦福大学本科学生开发的Snapchat正式上线，并迅速走红。该款短暂性数据分享应用，其中文译名"阅后即焚"，显然更加深入人心。这个基于数据删除的理念软件后来引发许多知名网站效仿。另如，人们身体如有病症，西医的治疗方法要么是除去病菌，要么切除病灶，这就属于一种减法思维。

本章知识点树

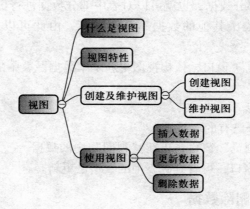

思 考 题

1. 什么是视图？
2. 简述视图的特性。
3. 使用视图时要注意哪些限制？
4. 创建视图的方法有几种？
5. 使用视图可对数据进行哪些操作？

第6章 SQL

SQL 是 1974 年提出的，并首先在 IBM 公司研制的关系数据库原型系统 System R 上实现。1976 年对其进行了标准化改进，1986 年被美国国家标准局批准成为关系型数据库语言的标准，目前新的 SQL 标准是 1992 年制定的 SQL – 92，简称 SQL2。

SQL 标准的制定使得几乎所有的数据库厂家都采用 SQL 作为其数据库语言，但各家又在 SQL 标准的基础上进行扩充，形成自己的语言。

6.1 SQL 概述

SQL 主要由以下几个部分组成。

（1）数据定义语言（Data Definition Language，DDL）。

（2）数据操纵语言（Data Manipulation Language，DML）。

（3）数据控制语言（Data Control Language，DCL）。

（4）系统存储过程（System Stored Procedure）。

（5）其他的语言元素。

6.1.1 SQL 的特点

1. 语言功能的一体化

SQL 集数据操纵（DML）、数据定义（DDL）和数据控制（DCL）功能于一体，语言风格统一，可以独立完成数据库生命周期的全部活动。其中，数据操纵语言（DML）用于对数据库中的数据进行插入、删除、修改等数据维护操作和进行查询、统计、分组、排序等数据处理操作。数据定义语言（DDL）用于定义关系数据库模式（外模式和内模式）。数据控制语言（DCL）用于实现对基本表和视图的授权、完整性规则的描述、事务控制等操作。

2. 非过程化

SQL 是一个高度非过程化的语言，在采用 SQL 进行数据操作时，只要提出"做什么"，无须指明"怎么做"，其他工作由系统完成。因为，用户无须了解存取路径的结构，存取路径的选择，以及相应操作语句的操作过程，所以大大减轻了用户负担，而且有利于提高数据独立性。

3. 采用面向集合的操作方式

SQL 采用集合的操作方式，用户只要使用一条操作命令，其操作对象和操作结果都可以是行的集合。无论是查询操作，还是插入、删除、更新操作的对象都面向行集合的操作方式。

4. 一种语法结构两种使用方式

SQL 是具有一种语法结构，两种使用方式的语言。它既是自含式语言，又是嵌入式语言。其中，自含式 SQL 能够独立地进行联机交互，用户只需在终端键盘上直接输入 SQL 命令就可以对数据库进行操作；嵌入式 SQL 能够嵌入到高级语言的程序中，如可嵌入 C、C++、PowerBuilider、Visual Basic、Visual C、Delphi、ASP、JSP 等程序中，用来实现对数据库的操作。由于在自含式 SQL 和嵌入式 SQL 不同的使用方式中，SQL 的语法结构基本上一致，因此给程序员设计应用程序提供了很大的方便。

5. 语言结构简捷

尽管 SQL 功能极强，且有两种使用方式，但由于设计构思巧妙，语言结构简洁明快，完成数据操纵、数据定义和数据控制功能只用了 9 个动词，因此易学、易用。

数据操纵：Select、Insert、Update、Delete。

数据定义：Create、Alter、Drop。

数据控制：Grant、Revoke。

6. 支持三级模式结构

SQL 支持关系数据库三级模式结构。其中，视图和部分基本表对应的是外模式，全体表结构对应的是模式，数据库的存储文件和索引文件构成关系数据库的内模式。

6.1.2 SQL 的功能

1. 数据定义语言

数据定义语言（DDL）用来定义关系数据库（RDB）的模式、外模式和内模式，以实现对基本表、视图以及索引文件的定义、修改和删除等操作。

2. 数据操纵语言

数据操纵语言（DML）包括数据查询和数据维护两类。

（1）数据查询：对数据库（DB）中的数据查询、统计、分组、排序等操作。

（2）数据维护：数据的插入、删除、更新等数据维护操作。

3. 数据控制语言

数据控制语言（DCL）包括对基本表和视图的授权、完整性规则的描述，以及事务控制语句等。

4. 系统存储过程

系统存储过程是 SQL Server 系统创建的存储过程，用于用户方便地从系统表中查询信息，或者完成与更新数据库表相关的管理任务，或其他的系统管理任务。

5. 其他的语言元素

T－SQL 为了编写程序的需要，增加了一些其他的语言元素，它不是 ANSI SQL－92 的内容，是 T－SQL 附加的语言元素。

6.2 数据定义和数据操纵

1. 数据定义

数据定义语句不仅可以实现关系数据库（RDB）的模式定义，也可实现对基本表、视图、索引文件的定义，以及对定义的基本表、视图、索引文件进行修改和删除。

数据定义的语句如表 6-1 所示。

表 6-1　数据定义的 SQL 语句

对象 ＼ 方式	创建	删除	修改
模式	CREATE SCHEMA	DROP SCHEMA	—
表	CREATE TABLE	DROP TABLE	ALTER TABLE
视图	CREATE VIEW	DROP VIEW	—
索引	CREATE INDEX	DROP INDEX	—

表 6-1 所列的上述语句应用参照第 4 章和第 5 章内容。

2. 数据操纵

数据操纵语句是对表中的数据进行插入、删除、更新和查询等操作的命令。

数据操纵的语句如表 6-2 所示。

表 6-2　数据操纵的 SQL 语句

方式	语句
数据插入	INSERT
数据更新	UPDATE
数据删除	DELETE

表 6-2 所列的上述语句应用参照第 4 章内容。

6.3 数据查询

本节将介绍 Select 语句，实现简单的查询、连接查询和嵌套查询的功能。

6.3.1　Select 语句

Select 语句格式：
　　SELECT[ALL | DISTINCT] <目标列表达式>
　　　　　　　[, <目标列表达式>] …
　　FROM <表名或视图名>[, <表名或视图名>] …
　　[WHERE <条件表达式>]
　　[GROUP BY <分组列名>[HAVING <条件表达式>]]
　　[ORDER BY <排序选项>[ASC | DESC]];

语句功能：从指定的基本表或视图中，选择满足条件的行数据，并对它们进行分组、统计、排序和投影，形成查询结果集。

几点说明：

（1）All：查询结果是表的全部记录。

（2）DISTINCT：查询结果是不包含重复行的记录集。

（3）FROM <表名或视图名>：查询的数据来源。

（4）WHERE <条件表达式>：查询结果是表中满足 <条件表达式> 的记录集。

（5）GROUP BY <分组列名>：查询结果是表按 <分组列名> 分组的记录集。

（6）HAVING <条件表达式>：是将指定表满足 <条件表达式>，并且按 <分组列名> 进行计算的结果组成的记录集。

（7）ORDER BY <排序选项>：查询结果是否按某一列值排序。

（8）ASC：查询结果按某一列值升序排列。

（9）DESC：查询结果按某一列值降序排列。

6.3.2　集函数

（1）计数（统计元组个数、计算一列中值的个数）。
语句格式：
　　COUNT([DISTINCT | ALL] ＊)
　　COUNT([DISTINCT | ALL] <列名>)

（2）计算总和（计算数值型列值的总和）。
语句格式：
　　SUM([DISTINCT | ALL] <列名>)

（3）计算平均值（计算数值型列值的平均值）。
语句格式：
　　AVG([DISTINCT | ALL] <列名>)

（4）求最大值（求一列值中的最大值）。

语句格式：

    MAX（[DISTINCT | ALL] <列名>）

（5）求最小值（求一列值中的最小值）。

语句格式：

    MIN（[DISTINCT | ALL] <列名>）

6.3.3 简单查询

简单查询是指数据来源是一个表或一个视图的查询操作，它是最简单的查询操作，如选择某表中的某些行或某表中的某些列等。

1. 检索表中所有的行和列

例 6.1：已知表（学院）信息，查看表中全部信息，如图 6-1 所示。

图 6-1 表（学院）

在 SQL 设计器中，输入如下命令：

    SELECT   学院编号,学院名称,院长姓名,电话,地址

    FROM 学院；

运行结果如图 6-2 所示。

图 6-2 检索表（学院）所有的行和列

微视频 6-1：
Access 简单查询

2. 检索表中指定的列

例 6.2：已知表（学院）信息，查看每个分院学院名称，院长是谁，以及联系方式。

在 SQL 设计器中，输入如下命令：

```
SELECT  DISTINCT 学院名称,院长姓名,电话
FROM 学院;
```

运行结果如图 6-3 所示。

查询6-2

学院名称	院长姓名	电话
化学	杨贵宾	010-2435465
计算机	曹明阳	010-4657687
软件	沈军存	010-1234567
生物	张岩俊	010-6473649
数学	赵红磊	010-3546576
文学	于红博	010-1324354

记录: 第 1 项(共 6 项) 无筛选器 搜索

图 6-3 检索表（学院）指定的列

例 6.3：已知表（系）信息，如图 6-4 所示。查看每个系有多少班级，系主任是谁。

系

系编号	系名称	系主任	教研室个数	班级个数	学院编号
J101	软件工程	张三	3	2	J
J102	信息安全	赵强	2	1	J
S201	生物技术	王月	4	4	S
W301	汉语言文学	刘博	3	3	W
W302	西方文学	李妲	7	3	W
X501	应用数学	陈红	5	3	X
X502	计算数学	谢东	8	2	X

记录: 第 8 项(共 8 项) 无筛选器 搜索

图 6-4 表（系）

在 SQL 设计器中，输入如下命令：

```
SELECT     系名称,班级个数,系主任
FROM       系;
```

运行结果如图 6-5 所示。

查询6-3

系名称	班级个数	系主任
软件工程	2	张三
信息安全	1	赵强
生物技术	4	王月
汉语言文学	3	刘博
西方文学	3	李妲
应用数学	3	陈红
计算数学	2	谢东

记录: 第 8 项(共 8 项) 无筛选器 搜索

图 6-5 检索表（系）指定的列

3. 检索表中满足指定条件的行

例 6.4：已知表（教师）信息，查看女教师的职称情况，如图 6-6 所示。

微视频 6-2：
SQL Server 简单
查询

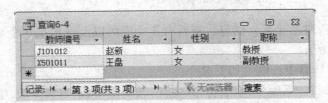

图 6-6　表（教师）

在 SQL 设计器中，输入如下命令：

> SELECT　教师编号,姓名,性别,职务,教研室编号
> 　　FROM　教师
> 　　WHERE　性别 ='女 ';

运行结果如图 6-7 所示。

图 6-7　检索表（教师）指定的行（女教师的职称信息）

例 6.5：已知表（教师）信息，查看职称是教授的男教师情况，如图 6-6 所示。

在 SQL 设计器中，输入如下命令：

> SELECT　教师编号,姓名,性别,职称,教研室编号
> 　　FROM　教师
> 　　WHERE　性别 ='男 '　AND　职称 ='教授 ';

运行结果如图 6-8 所示。

图 6-8　检索表（教师）指定的行（男教授的信息）

4. 检索表中指定的列和指定的行

例 6.6：已知表（教师）信息，查看教研室编号为"J10101"教师的情况，如图6-6所示。

在 SQL 设计器中，输入如下命令：

    SELECT　教师编号,姓名,性别,职称,教研室编号
    FROM　教师
    WHERE　教研室编号 ='J10101 ';

运行结果如图 6-9 所示。

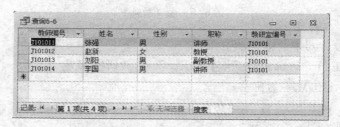

图 6-9　检索表（教师）指定的行和列

例 6.7：已知表（系）信息，查看有 3 个班级以上（包括 3 个班）的系的情况，如图 6-4 所示。

在 SQL 设计器中，输入如下命令：

    SELECT　系编号,系名称,系主任,教研室个数,班级个数,学院编号
    FROM　　系
    WHERE　班级个数 >=3;

运行结果如图 6-10 所示。

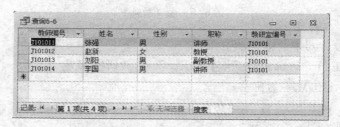

图 6-10　检索表（系）指定的列

5. 检索表中排序结果

例 6.8：已知表（班级）信息，按班级人数多少查看各班级的情况，如图 6-11 所示。

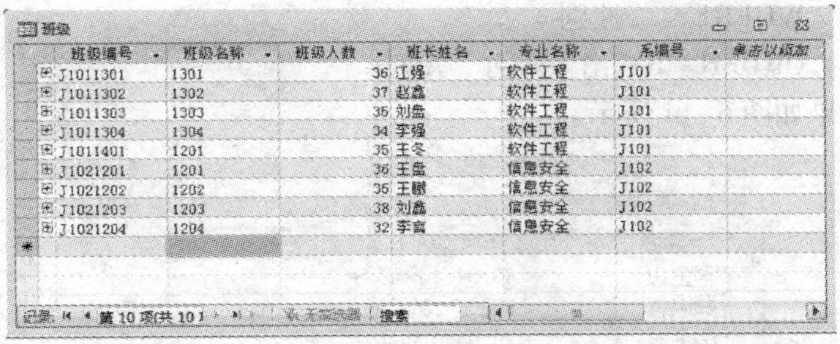
班级

班级编号	班级名称	班级人数	班长姓名	专业名称	系编号	单击以添加
J1011301	1301	36	江强	软件工程	J101	
J1011302	1302	37	赵鑫	软件工程	J101	
J1011303	1303	35	刘盘	软件工程	J101	
J1011304	1304	34	李强	软件工程	J101	
J1011401	1201	35	王冬	软件工程	J101	
J1021201	1201	36	王盘	信息安全	J102	
J1021202	1202	36	王鹏	信息安全	J102	
J1021203	1203	38	刘鑫	信息安全	J102	
J1021204	1204	32	李高	信息安全	J102	

记录: 第 10 项(共 10 项) 无筛选器 搜索

图 6-11 表（班级）

在 SQL 设计器中，输入如下命令：

```
SELECT  班级编号,班级名称,班级人数,班长姓名,专业名称,系编号
    FROM  班级
    ORDER BY  班级人数  ASC;
```

运行结果如图 6-12 所示。

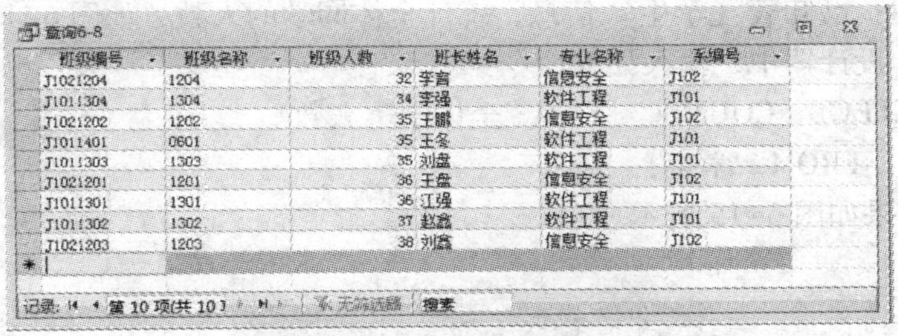
查询6-8

班级编号	班级名称	班级人数	班长姓名	专业名称	系编号
J1021204	1204	32	李高	信息安全	J102
J1011304	1304	34	李强	软件工程	J101
J1021202	1202	35	王鹏	信息安全	J102
J1011401	0601	35	王冬	软件工程	J101
J1011303	1303	35	刘盘	软件工程	J101
J1021201	1201	36	王盘	信息安全	J102
J1011301	1301	36	江强	软件工程	J101
J1011302	1302	37	赵鑫	软件工程	J101
J1021203	1203	38	刘鑫	信息安全	J102

记录: 第 10 项(共 10 项) 无筛选器 搜索

图 6-12 检索表（班级）排序结果

例 6.9：已知表（学生）信息，按出生日期先后查看全体女同学的姓名、出生日期，如图 6-13 所示。

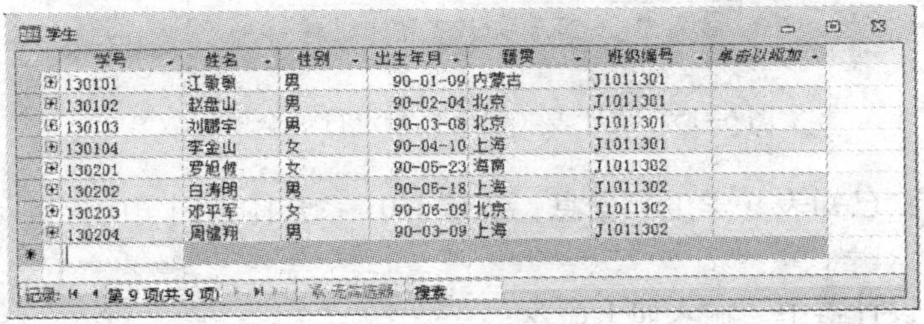
学生

学号	姓名	性别	出生年月	籍贯	班级编号	单击以添加
130101	江敏敏	男	90-01-09	内蒙古	J1011301	
130102	赵盘山	男	90-02-04	北京	J1011301	
130103	刘鹏宇	男	90-03-08	北京	J1011301	
130104	李金山	女	90-04-10	上海	J1011301	
130201	罗旭微	女	90-05-23	海南	J1011302	
130202	白涛明	男	90-05-18	上海	J1011302	
130203	邓平军	女	90-06-09	北京	J1011302	
130204	周骥翔	男	90-03-09	上海	J1011302	

记录: 第 9 项(共 9 项) 无筛选器 搜索

图 6-13 表（学生）

在 SQL 设计器中，输入如下命令：

```
SELECT  姓名,出生年月
    FROM  学生
```

    WHERE 性别 ='女 '

    ORDER BY 出生年月 ASC；

运行结果如图 6-14 所示。

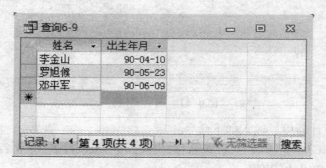

图 6-14 检索表（学生）排序结果

6. 检索表中指定的行数并产生新列

 例 6.10：已知表（学生）信息，统计全体同学的人数，如图 6-13 所示。

在 SQL 设计器中，输入如下命令：

   SELECT COUNT(∗) AS 全体学生人数

    FROM 学生；

运行结果如图 6-15 所示。

图 6-15 统计表（学生）指定行（全体）数

  例 6.11：已知表（学生）信息，统计 J101 系全体男同学的人数，如图 6-13 所示。

  在 SQL 设计器中，输入如下命令：

   SELECT COUNT(∗) AS J101 系男生人数

    FROM 学生

    WHERE 班级编号 LIKE 'J101 ∗'AND 性别 ='男 '；

运行结果如图 6-16 所示。

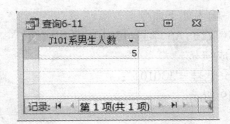

图6-16 统计表（学生）指定行（全体男）数

例6.12：已知表（学生）信息，统计来自"上海"和"北京"的学生的人数，如图6-13所示。

在SQL设计器中，输入如下命令：

SELECT　COUNT（＊）　AS 上海和北京学生人数

　　　FROM　学生

　　　WHERE　籍贯　IN('上海 ','北京 ')；

运行结果如图6-17所示。

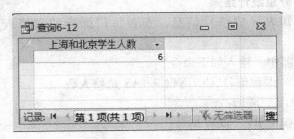

图6-17 统计表（学生）指定行（上海、北京）数

例6.13：已知表（成绩）信息，查看学号为130101的学生的平均成绩，如图6-18所示。

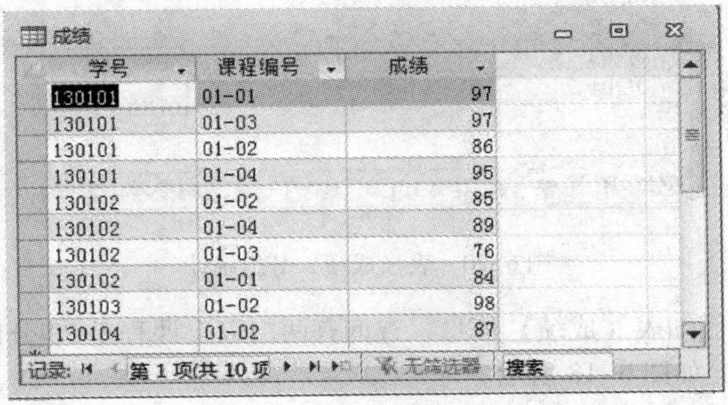

学号	课程编号	成绩
130101	01-01	97
130101	01-03	97
130101	01-02	86
130101	01-04	95
130102	01-02	85
130102	01-04	89
130102	01-03	76
130102	01-01	84
130103	01-02	98
130104	01-02	87

记录: I◄ 第1项(共10项) ► ►I ►※ 无筛选器 搜索

图6-18 表（成绩）

在 SQL 设计器中，输入如下命令：

　　SELECT AVG(成绩)AS 学号_130101 平均成绩

　　　　FROM　成绩

　　　　WHERE　学号 ='130101 ';

运行结果如图 6-19 所示。

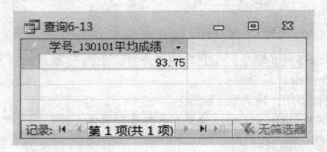

图 6-19　统计表（成绩）行平均值

7. 检索表中分组统计结果

例 6.14：已知表（成绩）信息，查看每门课程的选修人数，如图 6-18 所示。

在 SQL 设计器中，输入如下命令：

　　SELECT　课程编号,COUNT(*)AS 选修人数

　　　　FROM　成绩

　　　　GROUP BY　课程编号;

运行结果如图 6-20 所示。

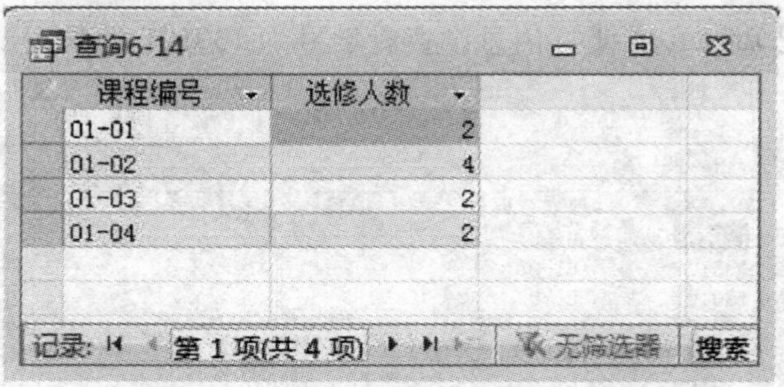

图 6-20　表（成绩）分组统计

例 6.15：已知表（成绩）信息，查询有两门以上课程是 90 分以上的学生的学号及课程数，如图 6-18 所示。

在 SQL 设计器中，输入如下命令：

```
SELECT 学号,COUNT( * )  AS 课程数
    FROM  成绩
    WHERE  成绩 >90
    GROUP BY  学号 HAVING COUNT( * ) >=2;
```

运行结果如图 6-21 所示。

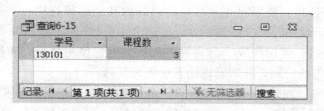

微视频 6-5：
VFP 分组查询

图 6-21 表（成绩）条件分组统计

8. 检索表中分组排序结果

例 6.16：已知表（成绩）信息，如图 6-18 所示。查看修读 01-01 课程的学生学号和成绩，并将成绩乘以系数 0.8，结果按成绩降序、学号升序排列。

在 SQL 设计器中，输入如下命令：

```
SELECT  学号,成绩 * 0.8 AS 期末成绩
    FROM  成绩
    ORDER BY  成绩 DESC,学号;
```

运行结果如图 6-22 所示。

学号	期末成绩
130103	78.4
130101	77.8
130101	77.6
130101	76
130102	71.2
130104	69.6
130101	68.8
130102	68
130102	67.2
130102	60.8

图 6-22 表（成绩）分组排序

6.3.4 连接查询

把多个表的信息集中在一起，就要用到"连接"操作，SQL 的连接操作是通

过关联表间行的匹配而产生的结果。SQL 中连接查询的主要类型如下。

（1）内连接（等值连接、非等值连接、自然连接）：内连接时，如果两个表的相关字段满足连接条件，就从这两个表中提取数据并组合成新的记录。只有满足条件的元组才能出现在结果关系中。内连接根据比较方式分为以下 3 种。

① 等值连接：使用等号运算符比较被连接列的列值。

② 非等值连接：使用除等号运算符以外的其他运算符比较。这些运算符包括 >、>=、<=、<、! >、! < 和 <>。

③ 自然连接：使用等号（=）运算符比较，但它使用选择列表明确指出查询结果集合中所包括的列，并删除连接表中的重复列。

（2）外连接（左外连接、右外连接、全外连接）：外连接是只限制一张表中的数据必须满足连接条件，而另一张表中的数据可以不满足连接条件的连接方式。

① 左外连接：是限制连接关键字右端的表中的数据必须满足连接条件，而不管左端的表中的数据是否满足连接条件，均输出左端表中的内容。

② 右外连接：与左外连接类似，是右端表中的所有元组都列出，限制左端表的数据必须满足连接条件。

（3）自连接：是一种特殊的内连接，它是指相互连接的表在物理上为同一张表，但可以在逻辑上分为两张表。因为同一张表在 FROM 子句中多次出现，为了区别该表的每一次出现，需要为表定义一个别名。

1. 两表连接

例 6.17： 已知"学生"表信息如图 6-13 所示，"课程"表信息如图 6-23 所示，查看全体学生选修课程的情况。

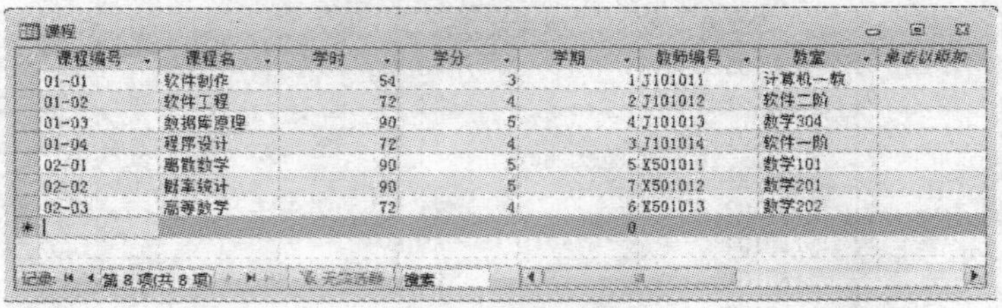

课程编号	课程名	学时	学分	学期	教师编号	教室	单击以添加
01-01	软件制作	54	3	1	J101011	计算机一教	
01-02	软件工程	72	4	2	J101012	软件二阶	
01-03	数据库原理	90	5	4	J101013	数学304	
01-04	程序设计	72	4	3	J101014	软件一阶	
02-01	离散数学	90	5	5	X501011	数学101	
02-02	概率统计	90	5	7	X501012	数学201	
02-03	高等数学	72	4	6	X501013	数学202	

记录：H ◀ 第 8 项（共 8 项）▶ H ▶ 无筛选器　搜索

图 6-23　表（课程）

在"SQL"设计器中，输入如下命令：

```
SELECT  学生 . 学号,学生 . 姓名,
        课程 . 课程编号,课程 . 课程名,课程 . 学时,
        课程 . 学分,课程 . 学期,课程 . 教师编号
FROM   学生,课程
ORDER  BY 学生 . 学号   ASC;
```

运行结果如图 6-24 所示。

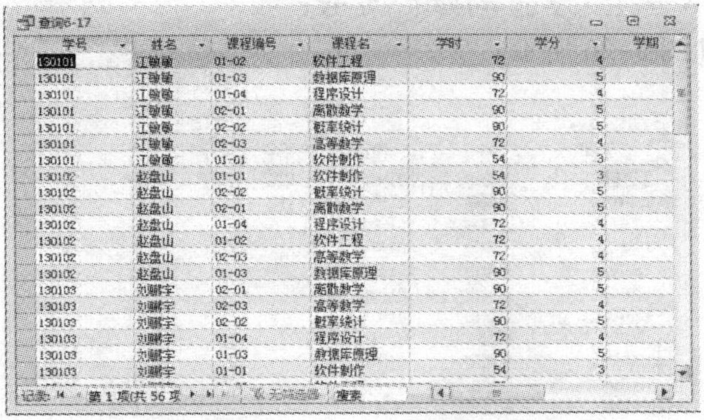

查询6-17

学号	姓名	课程编号	课程名	学时	学分	学期
130101	江敏敏	01-02	软件工程	72	4	
130101	江敏敏	01-03	数据库原理	90	5	
130101	江敏敏	01-04	程序设计	72	4	
130101	江敏敏	02-01	离散数学	90	5	
130101	江敏敏	02-02	概率统计	90	5	
130101	江敏敏	02-03	高等数学	72	4	
130101	江敏敏	01-01	软件制作	54	3	
130102	赵盘山	01-01	软件制作	54	3	
130102	赵盘山	02-02	概率统计	90	5	
130102	赵盘山	02-01	离散数学	90	5	
130102	赵盘山	01-04	程序设计	72	4	
130102	赵盘山	01-02	软件工程	72	4	
130102	赵盘山	02-03	高等数学	72	4	
130102	赵盘山	01-03	数据库原理	90	5	
130103	刘鹏宇	02-01	离散数学	90	5	
130103	刘鹏宇	02-03	高等数学	72	4	
130103	刘鹏宇	02-02	概率统计	90	5	
130103	刘鹏宇	01-04	程序设计	72	4	
130103	刘鹏宇	01-03	数据库原理	90	5	
130103	刘鹏宇	01-01	软件制作	54	3	

记录: 第 1 项(共 56 项 无筛选器 搜索

图 6-24　两表（学生、课程）连接

2. 等值连接

例 6.18：已知表（成绩）信息，如图 6-18 所示；表（学生）信息，如图 6-13 所示，查看每个学生所选课程的成绩。

在 SQL 设计器中，输入如下命令：

```
SELECT  学生.学号,学生.姓名,成绩.课程编号,成绩.成绩
    FROM 学生,成绩
    WHERE 学生.学号=成绩.学号;
```

运行结果如图 6-25 所示。

微视频 6-6：Access 等值连接查询

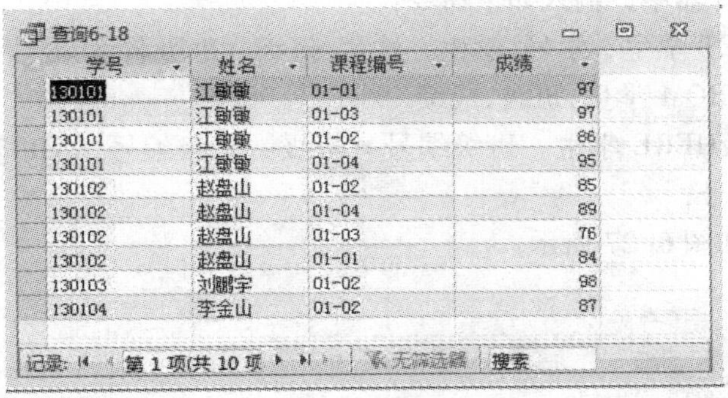

查询6-18

学号	姓名	课程编号	成绩
130101	江敏敏	01-01	97
130101	江敏敏	01-03	97
130101	江敏敏	01-02	88
130101	江敏敏	01-04	95
130102	赵盘山	01-02	85
130102	赵盘山	01-04	89
130102	赵盘山	01-03	76
130102	赵盘山	01-01	84
130103	刘鹏宇	01-02	98
130104	李金山	01-02	87

记录: 第 1 项(共 10 项 无筛选器 搜索

图 6-25　表（学生、成绩）等值连接

微视频 6-7：SQL Server 等值连接查询

3. 外连接

例 6.19：已知表（成绩）信息，如图 6-18 所示；表（学生）信息，如图 6-13 所示，查看每个学生所选课程的成绩。

在 SQL 设计器中，输入如下命令：

```
SELECT 学生.学号,学生.姓名,成绩.课程编号,成绩.成绩
```

FROM 学生 LEFT OUTER JOIN 成绩

ON 学生. 学号=成绩. 学号;

运行结果如图6-26所示。

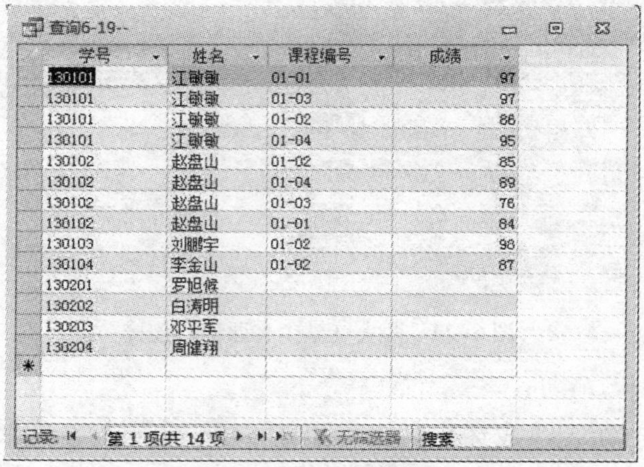

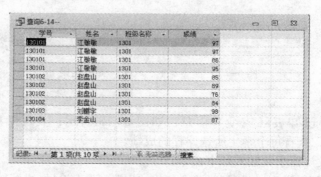

学号	姓名	课程编号	成绩
130101	江敏敏	01-01	97
130101	江敏敏	01-03	97
130101	江敏敏	01-02	86
130101	江敏敏	01-04	95
130102	赵盘山	01-02	85
130102	赵盘山	01-04	89
130102	赵盘山	01-03	76
130102	赵盘山	01-01	84
130103	刘鹏宇	01-02	98
130104	李金山	01-02	87
130201	罗旭候		
130202	白涛明		
130203	邓平军		
130204	周健翔		

图6-26 表（学生、成绩）外连接

微视频6-8：Access多表连接查询

微视频6-9：SQL Server多表连接查询

4. 多表连接

例6.20：已知表（班级）信息，如图6-11所示；表（学生）信息，如图6-13所示；表（成绩）信息，如图6-18所示，查看每个班级，每个学生所选课程的成绩。

在SQL设计器中，输入如下命令：

SELECT 学生. 学号,学生. 姓名,班级. 班级名称,成绩. 成绩

FROM 学生,班级,成绩

WHERE 学生. 班级编号=班级. 班级编号 AND 学生. 学号=成绩. 学号;

运行结果如图6-27所示。

学号	姓名	班级名称	成绩
130101	江敏敏	1301	97
130101	江敏敏	1301	97
130101	江敏敏	1301	86
130101	江敏敏	1301	95
130102	赵盘山	1301	85
130102	赵盘山	1301	89
130102	赵盘山	1301	76
130102	赵盘山	1301	84
130103	刘鹏宇	1301	98
130104	李金山	1301	87

图6-27 表（班级、学生、成绩）多表连接

6.3.5 嵌套查询

使用 SQL 时，一个 SELECT…FROM…WHERE 语句产生一个新的数据集，一个查询语句完全嵌套到另一个查询语句中的 WHERE 或 HAVING 的"条件"短语中，这种查询称为嵌套查询。通常把内部的、被另一个查询语句调用的查询叫"子查询"，调用子查询的查询语句叫"父查询"，子查询还可以调用子查询。SQL 允许有一系列简单查询构成嵌套结构，实现嵌套查询，从而大大增强了 SQL 的查询能力，使得用户视图的多样性也大大提升。

从语法上讲，子查询就是一个用括号括起来的特殊"条件"，它完成的是关系运算，这样子查询可以出现在允许表达式出现的地方。嵌套查询的求解方法是"由里到外"进行的，从最内层的子查询做起，依次由里到外完成计算，即每个子查询在其上一级查询未处理之前已完成计算，其结果用于建立父查询的查询条件。

引出子查询的谓词有如下几种。

（1）带有 IN 谓词的子查询。

（2）带有比较运算符的子查询。

（3）带有 EXISTS 谓词的子查询。

（4）带有 ANY 或 ALL 谓词的子查询。

其中，ANY 代表任意一个值；ALL 代表所有值。

表 6-3 是 ANY、ALL 与比较运算符结合功能。

表 6-3　ANY、ALL 与比较运算符结合

运算符	功能
> ANY	大于子查询结果中的某个值
> ALL	大于子查询结果中的所有值
< ANY	小于子查询结果中的某个值
< ALL	小于子查询结果中的所有值
>= ANY	大于等于子查询结果中的某个值
>= ALL	大于等于子查询结果中的所有值
<= ANY	小于等于子查询结果中的某个值
<= ALL	小于等于子查询结果中的所有值
= ANY	等于子查询结果中的某个值
= ALL	等于子查询结果中的所有值
!=（或 <>）ANY	不等于子查询结果中的某个值
!=（或 <>）ALL	不等于子查询结果中的任何一个值

1. 用于相等（＝）判断的子查询

例 6.21：已知表（班级）信息，如图 6-11 所示，查看与 J1011301 班级人数相等的班级名称、班长姓名。

在 SQL 设计器中，输入如下命令：

    SELECT 班级名称,班长姓名,班级人数

        FROM   班级

        WHERE   班级人数   ＝

            （SELECT 班级人数

            FROM 班级

            WHERE 班级编号 ='J1011301'）；

运行结果如图 6-28 所示。

图 6-28   相等（＝）判断的子查询

2. 带有 IN 谓词的子查询

例 6.22：已知表（课程）信息，如图 6-23 所示；表（成绩）信息，如图 6-18 所示，查看数据库原理、软件工程两门课程的成绩。

在 SQL 设计器中，输入如下命令：

    SELECT 学号,成绩,课程编号

    FROM 成绩

    WHERE 成绩．课程编号 IN

    （SELECT 课程编号

     FROM   课程

    WHERE   课程名 ='数据库原理'   OR   课程名 ='软件工程'）；

运行结果如图 6-29 所示。

3. 带有比较运算符的子查询

例 6.23：已知表（课程）信息，如图 6-23 所示，查看少于"数据库原理"课程学时数的课程。

在 SQL 设计器中，输入如下命令：

    SELECT 课程名,学时

    FROM 课程

  WHERE 学时   <
   （SELECT 学时
   FROM 课程
   WHERE 课程名 ='数据库原理 '）;

运行结果如图 6-30 所示。

图 6-29 带有 IN 谓词的子查询

图 6-30 带有比较运算符的子查询

4. 带有 ALL 谓词的子查询

例 6.24：已知表（成绩）信息，如图 6-18 所示，查看超过 130102 同学所有课程成绩的同学成绩。

  在 SQL 设计器中，输入如下命令：

  SELECT 学号,成绩
   FROM 成绩
   WHERE 成绩 > ALL
    （SELECT 成绩
    FROM 成绩
    WHERE 学号 ='130102 '）;

运行结果如图 6-31 所示。

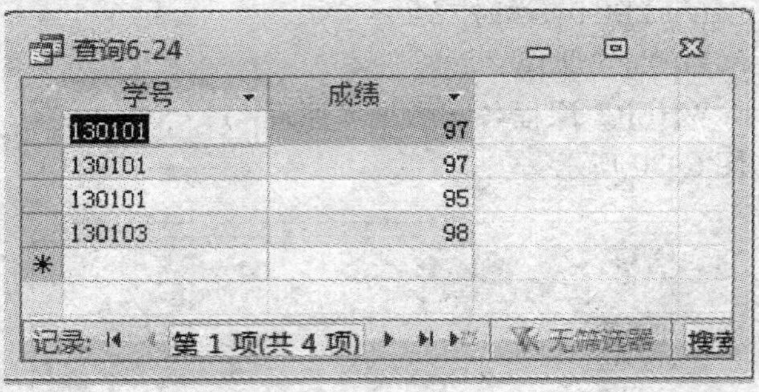

查询6-24

学号	成绩
130101	97
130101	97
130101	95
130103	98

图 6-31 带有 ALL 谓词的子查询

微视频 6-12：
Access 嵌套查询

5. 带有 ANY 谓词的子查询

例 6.25：已知表（成绩）信息，如图 6-18 所示，查看超过 130102 同学各门课程成绩的同学成绩。

在 SQL 设计器中，输入如下命令：

```
SELECT 学号,成绩
    FROM  成绩
    WHERE  成绩 > ANY
          (SELECT  成绩
            FROM  成绩
            WHERE  学号 ='130102')
          AND  NOT 学号 ='130102';
```

运行结果如图 6-32 所示。

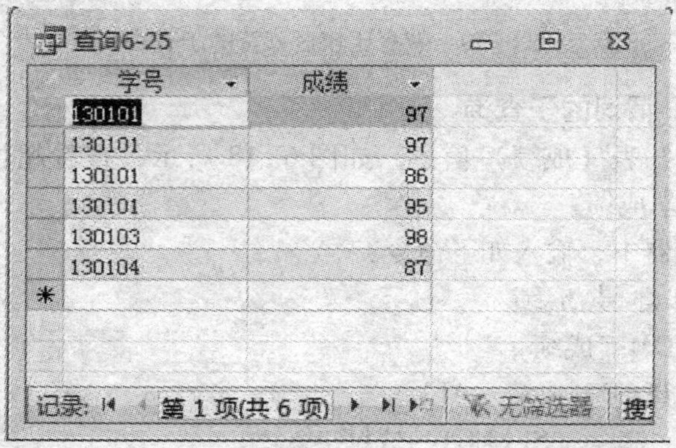

查询6-25

学号	成绩
130101	97
130101	97
130101	86
130101	95
130103	98
130104	87

图 6-32 带有 ANY 谓词的子查询

6.4 计算思维漫谈六：取之不尽

SQL 似乎充满了魔力，使用它人们可以在"数据的海洋"中任意行走，依靠基础的数据源，在其首要价值被应用后，仍然可以不断地挖掘、不断地给予，数据的价值从它最基本的用途转变为未来的潜在用途，这一转变意义重大。

在信息化社会，万事万物数字化，将构成最原始、最平凡的数据集。SQL 可帮助人们按需求目标进行"数据抽样"和"数据交叉复用"，这样不仅保证了"信息公正公开"，又避免"数据独裁"，使不同的用户阅读某个数字可产生不同的数字能力。

生物的进化遵循的规律是用进废退，力求在有利于自己繁衍与生存的环境中，不断地完善自己。数据明显有生命的气息：一是挖掘自身的价值，二是与其他数据重组。这种在价值上的"取之不尽"的数据观点，对人们认识世界、认识数据具有重要价值。

人们应如何面对数据的这种似乎"取之不尽"的特征？收集信息固然重要，重组比原有的数据价值更大。

生活中无处不存在这种需求折中思想局面，很多事物都有两个方面，它不一定绝对好，也不一定绝对坏。同时也要看到数据给人们带来的麻烦，由于"信息的庞杂"，常常会遇到"取舍纠结"问题。在进行具体的数据查询时也会遇到时间和空间权衡的取舍问题，在进行数据库创建的过程中，还会遇到数据冗余小了，占用的存储空间少了，权衡存储空间和查询速率两者间的关系的问题。不时地要面对选择，权衡极为重要。

收集和重组，都是一种权衡，而权衡的行为指向，则是最优化的结果，收集和重组的衡量标准就是看其能否在满足条件、满足需求的前提下取得"最优化"。

本章知识点树

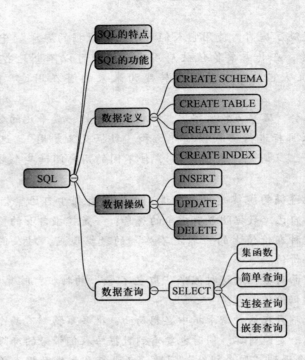

思 考 题

1. 简述 SQL 的特点。
2. 简述 SQL 的功能。
3. 简述 SQL 语句能完成哪些操作。
4. 简述 SQL 有几类。
5. 简述使用 SQL 语句进行查询数据源种类。

第7章　存储过程与触发器

在大型数据库系统中，存储过程和触发器具有很重要的作用。无论是存储过程还是触发器，都是 SQL 语句和流程控制语句的集合。在使用数据库时，人们常常会碰到在对数据库中的数据进行插入或修改时，系统有一些相关的提示，如提示操作是不是合理，提示对其他的数据进行操作控制等，这是触发了某个触发器，或执行某个存储过程所带来的效果。

7.1　存储过程

存储过程能够提高数据库管理及操作的性能和工作效率，本节将介绍什么是存储过程，存储过程是如何创建的以及执行和维护存储过程的方法。

7.1.1　存储过程概述

1. 什么是存储过程

存储过程（Stored Procedure）是在大型数据库系统中，一组为了完成特定功能的 SQL 语句集，经编译后存储在数据库中，通过调用存储过程的名称并给定参数来执行。其实质就是部署在数据库端的一组定义代码以及 SQL 语句。

存储过程在创建时就被编译和优化，调用一次以后，相关信息就保存在内存中，下次调用时可以直接执行。

2. 存储过程的优点

（1）灵活性强：存储过程可以用流控制语句编写，有很强的灵活性，数据处理功能较为强大，可以完成比较复杂的判断及比较复杂的运算。

（2）保证安全性和完整性：通过存储过程可以使没有权限的用户在控制语句控制之下间接地存取数据库，从而保证数据的安全，通过存储过程可以使相关的动作一起发生，也可以维护数据库的完整性。

（3）执行效率高：在运行存储过程前，数据库已对其进行了语法和句法分析，并给出了优化执行方案，而且已经编译好的过程可极大地改善 SQL 语句的性能。由于执行 SQL 语句的大部分工作已经完成，所以存储过程能以极快的速度执行。

（4）降低网络通信量：没有存储过程则要把对数据进行处理的控制和运算

代码写在应用程序中。那么在进行数据处理时，首先要将这些代码传递至数据库管理系统，执行完再返回，产生大量的通信工作。如果有了存储过程，这些代码写在数据库端，与应用程序只传递参数信息，数据库的网络通信量就会大大减少。

3. 存储过程的缺点

（1）代码编辑环境差：因为存储过程是数据库端代码，代码的编辑和调试环境不能与高级语言环境相比。

（2）缺少兼容性：数据库端代码是与数据库相关的，若改变数据库环境存储过程代码较难与之统一，这样使得已有的存储过程不能直接移植。

（3）重新编译问题：因为后端代码是运行前编译的，如果带有引用关系的对象发生改变，受影响的存储过程将需要重新编译。

（4）维护麻烦：大量地使用存储过程，到程序交付使用时随着用户需求的增加会导致数据结构的变化，用户维护该系统很难。

4. 存储过程的分类

（1）系统存储过程：以 sp_开头，用来进行系统的各项设定。

（2）本地存储过程：指由用户创建并完成某一特定功能的存储过程，一般所说的存储过程都是指本地存储过程。

（3）临时存储过程：一是本地临时存储过程，名称以#开头，该存储过程存放在 tempdb 数据库中，只有创建它的用户才能执行它；二是全局临时存储过程，名称以##号开头，该存储过程存储在 tempdb 数据库中，连接到服务器的任意用户都可以执行它。

（4）远程存储过程：远程存储过程是位于远程服务器上的存储过程，通常可以使用分布式查询和 EXECUTE 命令执行。

（5）扩展存储过程：扩展存储过程是用户使用外部程序语言编写的存储过程，扩展存储过程的名称通常以 xp_开头。

7.1.2　创建存储过程

1. 使用"设计器"创建用户存储过程

操作步骤如下。

（1）打开数据库。

（2）打开存储过程"设计器"。

（3）在存储过程"设计器"窗口，输入存储过程代码。

（4）保存存储过程，结束存储过程的创建。

2. 创建用户存储过程的 SQL 语句

语句格式：

CREATE PROC[EDURE] < Procedure_name > [;Number]

[{@ parameter Data_type}

[VARYING][= Default][OUTPUT]][,…n]

[WITH {RECOMPILE|ENCRYPTION|RECOMPILE,ENCRYPTION}]

[FOR REPLICATION]

AS sql_statements

功能：创建一个用户存储过程，并保存在数据库中。

几点说明：

（1）[VARYING]：指定作为输出参数支持的结果集。

（2）[Default]：参数的默认值。如果定义了默认值，不必指定该参数的值即可执行过程。默认值必须是常量或 NULL。

（3）[OUTPUT]：表明参数是返回参数，该选项的值可以返回给 EXEC[UTE]，使用 OUTPUT 参数可将信息返回给调用过程。

（4）[WITH {RECOMPILE|ENCRYPTION|RECOMPILE，ENCRYPTION}]：存储过程的处理方式。

（5）AS sql_statements：执行的操作。

（6）RECOMPILE：表明 SQL Server 不会缓存该过程的计划，该过程将在运行时重新编译。

（7）ENCRYPTION：表示 SQL Server 加密 Syscomments 表中包含 CREATE PROCEDURE 语句文本的条目。使用 ENCRYPTION 可防止将过程作为 SQL Server 复制的一部分发布。

（8）FOR REPLICATION：使用 FOR REPLICATION 选项创建的存储过程可用作存储过程筛选，且只能在复制过程中执行，本选项不能和 WITH RECOMPILE 选项一起使用。

3. 创建不带参数的存储过程

例 7.1：创建一个用户存储过程（优秀学生），将学生成绩为 90 分以上的学生检索出来。

SQL 语句如下：

CREATE PROC 优秀学生

AS SELECT 学生．学号,学生．姓名,课程．课程名称,成绩．成绩

　　FROM　学生 INNER JOIN

　　　　成绩 ON　学生．学号 = 成绩．学号 INNER JOIN

　　　　课程 ON 成绩．课程编号 = 课程．课程编号

　　　　WHERE 成绩．成绩 > 90

4. 创建带有输入参数的存储过程

例 7. 2：创建一个用户存储过程（插入学院），向学院表插入一个新记录。

SQL 语句如下：

```
CREATE PROCEDURE 插入学院
@ Param1 char(1),@ Param2 char(4),
@ Param3 char(6),@ Param4 char(13),@ Param5 char(5)
AS
BEGIN
INSER INTO 学院(学院编号,学院名称,院长姓名,电话,地址)
VALUES(@ Param1,@ Param2,@ Param3,@ Param4,@ Param5)
END
```

7.1.3　执行存储过程

在 SQL Server 系统中，可以使用 EXECUTE 命令来直接执行存储过程。

语句格式：

```
EXEC[UTE]        [@ Return_status = ]
{Procedure_name[;number] | @ Procedure_name_var}
[[@ Parameter = ]{Value | @ Variable[OUTPUT] | [DEFAULT]}]
[,…n]
[WITH RECOMPILE]
```

功能：调用存储过程。

例 7. 3：运行已有的用户存储过程（优秀学生）。

SQL 语句如下：

```
EXEC 优秀学生
```

例 7. 4：运行已有的用户存储过程（插入学院）。

SQL 语句如下：

```
EXEC 插入学院
```

7.1.4　修改存储过程

在 SQL Server 系统中，可以使用 ALTER PROC 命令修改存储过程。

语句格式：

```
ALTER PROC[EDURE] procedure_name[;number]
  [{@ parameter data_type}
  [VARYING][0 = default][OUTPUT]]
    [,…n]
```

$$[\,\text{WITH}\quad \{\text{RECOMPILE}\,|\,\text{ENCRYPTION}\quad |\ \text{RECOMPILE}\,,\text{ENCRYP-}$$
$$\text{TION}\}\,]$$
$$[\,\text{FOR REPLICATION}\,]$$
$$\text{AS}$$
$$\text{sql\_statements}$$

功能：修改存储过程。

7.1.5　删除存储过程

如果确认一个数据库的某个用户存储过程与其他对象没有任何依赖关系，则可用 DROP PROCEDURE 语句永久地删除该存储过程。

语句格式：

DROP PROCEDURE ｛procedure｝[,…n]

功能：从当前数据库中删除一个或多个存储过程或存储过程组。

例 7.5：删除已建立的用户存储过程（优秀学生）。

SQL 语句如下：

DROP PROCEDURE 优秀学生

7.2　触发器

表的更新、插入和删除等操作，是对数据库对象进行经常性操作，为了保证数据库中数据的安全，可以通过用户权限控制减少错误的发生率，通过触发器引发数据完整性进行控制也是一个极好的方法。

7.2.1　触发器概述

1. 什么是触发器

触发器（Trigger）是一种特殊类型的存储过程，触发器采用事件驱动机制，当某个触发事件发生时，定义在触发器中的功能将被 DBMS 自动执行。

触发器是一个功能强大的工具，它与表紧密相连，在表中数据发生变化时自动强制执行。触发器可以用于 SQL Server 约束、默认值和规则的完整性检查，还可以完成难以用普通约束实现的复杂功能。当一个触发器建立后，它作为一个数据库对象被存储。

SQL Server 中的常用的触发器：

INSERT 触发器

UPDATE 触发器

DELETE 触发器

2. 触发器支持的功能

（1）触发器在触发事件执行之后被触发，方可完成事件本身的功能。

（2）触发器代码可以引用事件中对于行修改前后的值。

（3）对于 UPDATE 事件可以定义对哪个表、或表中的哪一列被修改时，触发器被触发。

（4）可以用 WHEN 子句来指定执行条件，当触发器被触发后，触发器功能代码只有在条件成立时才执行。

（5）触发器有语句级触发器和行级触发器之分。所谓语句级触发器是指当 UPDATE 语句执行完了触发一次（延迟触发）；而行触发器是指当 update 语句每修改完一个行就触发一次（立即触发）。

（6）触发器可以完成一些复杂的数据检查，可以实现某些操作的前后处理等。

3. 触发器的主要优点

（1）触发器能够实施比"外键约束"、"检查约束"和"规则"等对象更为复杂的数据完整性检验。

（2）和约束相比，触发器提供了更多的灵活性。约束将系统错误信息返回给用户，但这些错误并不是总能有帮助，而触发器则可以打印错误信息，调用其他存储过程，或根据需要纠正错误。

（3）无论对表中的数据进行何种修改，如增加、删除或更新，触发器都能被激活，对数据实施完整性检查。

（4）触发器可通过数据库中的相关表实现级联更改。

（5）触发器可以强制用比 CHECK 约束定义的约束更为复杂的约束，与 CHECK 约束不同，触发器可以引用其他表中的列。

（6）触发器可以评估数据修改前后的表状态，并根据其差异采取对策。

（7）一个表中的多个同类触发器（INSERT、UPDATE 或 DELETE）允许采取多个不同的对策以响应同一个修改语句。

7.2.2　创建触发器

创建触发器可用 CREATE TRIGGER 语句。

语句格式：

```
CREATE TRIGGER trigger_name ON {table}
    [WITH ENCRYPTION]
    {FOR {[DELETE][,][INSERT][,][UPDATE]}
    [NOT FOR REPLICATION]
    AS
```

{sql_statements［…n］}

｜{FOR｛［,］［INSERT］［,］［UPDATE］}

［{IF UPDATE(column)［{AND｜OR} UPDATE(column)］

　　　　sql_statements ［…n］ }

功能：创建一个触发器。

几点说明：

（1）trigger_name ON {table｜view}：指定触发器名及操作对象。

（2）［WITH ENCRYPTION］：是否采用加密方式。

（3）{FOR｜AFTER｜INSTEAD OF} {［DELETE］［,］［INSERT］［,］［UP-DATE］}：指定触发器类型。

（4）［NOT FOR REPLICATION］：该触发器不用于复制。

（5）IF：定义触发器执行的条件。

（6）sql_statements：T－SQL 语句序列。

例 7.6：创建一个触发器（学生性别），用以约束学生表中性别字段值（只能是"男"或"女"），保证数据的正确性。

SQL 语句如下：

```
CREATE TRIGGER Trigger_学生性别 ON［dbo］.［学生］
FOR INSERT
AS
IF EXISTS(SELECT ＊ FROM 学生 WHERE 性别 NOT IN('男','女'))
BEGIN
    RAISERROR('请输入合法的性别!',16,1)
    ROLLBACK TRANSACTION
END
```

微视频 7-3：
SQL Server 创建
触发器

7.2.3 修改触发器

修改触发器可用 ALTER TRIGGER 语句。

语句格式：

```
ALTER TRIGGER trigger_name ON(table｜view)
［WITH ENCRYPTION］
{(FOR｜AFTER｜INSTEAD OF)｛［DELETE］［,］［INSERT］［,］［UP-DATE］}
    ［NOT FOR REPLICATION］
    AS
        sql_statements }
```

功能：修改触发器。

例7.7： 修改一个已有的触发器（Trigger_学生），用来控制不能更新"表"（学生）中姓名列，触发触发器事件，提示"您不能修改表中学生的姓名！"。

SQL 语句如下：

```
ALTER TRIGGER Trigger_学生    ON    学生
FOR UPDATE
AS
    IF UPDATE(姓名)
BEGIN
    RAISERROR('您不能修改表中学生的姓名！',16,1)
    ROLLBACK TRANSACTION
END
```

微视频7-4：
SQL Server 修改
触发器

当有对"表"（学生）中姓名列进行更新操作时，将弹出一个对话框，提示用户不能更新。

7.2.4　删除触发器

删除触发器可用 DROP TRIGGER 语句。

语句格式：

```
DROP TRIGGER {trigger}[,…n]
```

功能：从当前数据库中删除一个或多个触发器。

例7.8： 删除一个已有的触发器（Trigger_学生）。

SQL 语句如下：

```
USE 英才大学信息管理
IF EXISTS(SELECT name FROM sysobjects
    WHERE name ='Trigger_学生 'and type ='TR')
DROP TRIGGER Trigger_学生
GO
```

微视频7-5：
SQL Server 删除
触发器

7.3　计算思维漫谈七：完整与统一

在数据库技术越来越普及的今天，获得大量数据已成为可能，但为此也要付出代价。数量的大幅增加会引发一些错误数据的出现，多用户频繁的操作会导致数据统一性减弱。

利用存储过程和触发器这两个数据库对象可提高容错率和降低维护成本。它们通过 SQL 语句控制数据取值限度，以及控制操作上的不完美。然而这些控制方法是在"设计数据库"时就事先规划好的，用以防范使用过程中引发数据的不完整和数据统一。

存储过程是描述数据库设计者预先设定的规则和标准的程序，通过程序控制用户数据库的操作，当应用程序需要实现其功能时，就执行该程序。这和生活中许多预先设置的法规、制度、标准是一样的，当需要判定是否合法、违规和不满足条件，就会去判决和提示。

触发器，顾名思义，就是当满足一定的条件时，触发某一件事。通常在进行数据违规操作时，多由触发器控制提示用户禁止操作。这和日常生活中常用的闹钟叫醒、断电灯灭是一样的。当到了设定闹钟叫醒时间，闹钟就会自动发出鸣响，当某线路断电，与之相连的电灯自然关闭，触发事件响应。

本章知识点树

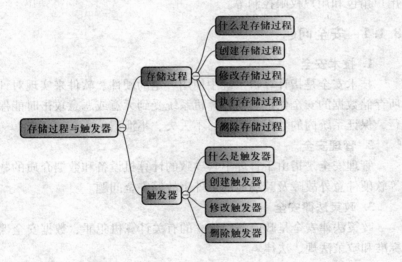

思 考 题

1. 什么是存储过程？
2. 什么是触发器？
3. 有几类存储过程，它们都有什么特征？
4. 有几类触发器，它们都有什么作用？
5. 使用存储过程与触发器优点是什么？

第8章　数据库系统控制

数据库管理系统具有安全控制、完整性控制、恢复技术和并发控制等系统功能。

8.1　安全控制

数据库安全性的防范对象是非法用户和非法操作，防止它们对数据库数据的非法存取。安全控制涉及安全级别、安全层级和控制方法相关内容，主要体现在用户角色和用户权限控制等。

8.1.1　安全问题

1. 技术安全

技术安全是指计算机系统中使用一定的硬件、软件来实现对计算机系统及其所存储数据的安全保护。当计算机系统受到无意或恶意攻击时能保证系统正常运行，保证系统内的数据不增加、不丢失、不泄露。

2. 管理安全

管理安全是指由于管理不善导致的计算机设备和数据介质的物理破坏、丢失等软硬件意外故障及其场地的意外事故等安全问题。

3. 政策法律安全

政策法律安全是政府部门建立的有关计算机犯罪、数据安全保密的法律道德标准和政策法规、法律。

8.1.2　安全级别

数据库的安全级别通常分为：DBMS 级、网络级、操作系统（OS）级、用户级和环境级，如图 8-1 所示。

（1）环境级：计算机系统的机房和设备应加以保护，防止有人进行物理破坏。

（2）用户级：工作人员应清正廉洁，正确授予用户访问数据库的权限。

（3）操作系统级：应防止未经授权的用户从 OS 处着手访问数据库。

（4）网络级：由于大多数 DBMS 都允许用户通过网络进行远程访问，因此网络软件内部的安全性是很重要的。

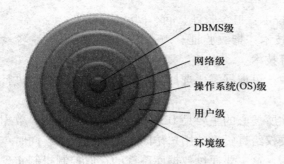

图 8-1　数据库的安全性级别

（5）数据库管理系统（DBMS）级：DBMS 的职责是检查用户的身份是否合法及使用数据库的权限是否正确。

8.1.3　安全控制层级

数据库安全性机制采用多层级控制，分为操作系统安全保护、DBMS 安全保护、数据库加密（数据密码存储）、用户标识与鉴别几个安全层级，如图 8-2 所示。

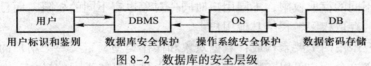

图 8-2　数据库的安全层级

8.1.4　安全性控制的方法

数据库安全性控制的常用方法有用户标识与鉴定、存取控制、视图、审计、密码存储。

1. 用户标识与鉴别

用户标识与鉴别（Identification & Authentication）是系统提供的最外层安全保护措施。其方法是系统提供一定的方式让用户标识自己的名字与身份，包括用户标识与用户鉴别两个层次。

（1）用户标识（权限）。用一个用户名或者用户标识号来标明用户身份。系统内部记录着所有合法用户的标识，系统鉴别此用户是否合法。

① 读权限：允许用户读数据，但不能修改数据。

② 插入权限：允许用户插入新数据，但不能修改数据。

③ 修改权限：允许用户修改数据，但不能删除数据。

④ 删除权限：允许用户删除数据。

（2）用户鉴别（验证）。

① 软件验证技术：口令验证、问/答验证等技术。

② 硬件验证技术：指纹验证、声音识别验证、手写签名验证、手型几何验证和身份卡验证等技术。

在实际运用中，可根据需要选择其中的一种或多种技术进行用户验证。

2. 存取控制

数据库安全性所关心的主要是 DBMS 的存取控制机制。数据库安全最重要的一点就是确保只授权给有资格的用户访问数据库的权限，同时令所有未被授权的人员无法接近数据，这主要通过数据库系统的存取控制机制实现。

（1）定义存取权限：提供适当的语言来定义用户权限，编译后存在数据字典中，被称为安全规则或授权规则。

（2）检查存取权限：对于通过鉴定获得上机权的用户（即合法用户），系统根据用户的存取权限定义对他的各种操作请求进行控制，确保他只执行合法操作。

用户权限定义和合法权检查机制一起组成了 DBMS 的安全子系统。

3. 存取控制方法

（1）自主存取控制（Discretionary Access Control，DAC），用户对不同数据库对象有不同的存取权限，不同用户对同一对象也有不同的权限，而且用户还可将其拥有的存取权限转授给其他用户。

用户权限由两个要素构成：数据对象和操作类型。定义一个用户的存取权限就是要定义这个用户可以在哪些数据库对象上进行哪些类型的操作。在数据库系统中，定义存取权限称为授权，主要存储权限如表 8-1 所示。

表 8-1　存 储 权 限

对象类型	对象	操作类型
数据库	模式	CREATE SCHEMA
	基本表	CREATE TABLE，ALTER TABLE
模式	视图	CREATE VIEW
	索引	CREATE INDEX
数据	基本表和视图	SELECT，INSERT，UPDATE，DELETE，REFER-ENCES，ALL PRIVILEGES
数据	属性列	SELECT，INSERT，UPDATE，REFERENCES ALL PRIVILEGES

典型的 DAC 授权策略包括以下 3 种。

① 集中管理策略：只允许某些特权用户授予/收回其他用户对客体（基本表、索引、视图等）的访问权限。

② 基于拥有权的管理策略：只允许客体的创建者授予/收回其他用户对客体（基本表、索引、视图等）的访问权限。

③ 非集中管理策略：在客体拥有者的认可下，允许一些用户授予/收回其他用户对客体（基本表、索引、视图等）的访问权限。

大型数据库管理系统几乎都支持自主存取控制，目前的 SQL 标准也都为 DAC 提供支持，这是通过 SQL 的 GRANT 语句和 REVOKE 语句实现的。

GRANT 语句的一般格式：

GRANT <权限 >[, <权限 >]…
ON <对象类型 > <对象名 >[, <对象类型 > <对象名 >] …
TO <用户 >[, <用户 >]…
[WITH GRANT OPTION] ；

功能：将指定操作对象的指定操作权限授予指定用户。

发出授权：DBA，数据库对象创建者（即属主 Owner）；拥有该权限的用户。

接受授权：一个或多个具体用户，也可以是 PUBLIC，即全体用户。

WITH GRANT OPTION：获得某种权限的用户还可以将该权限再授予给其他用户。

例 8.1：把查询 Student 表和修改学号的权限授予给用户 U1，并允许将此权限再授予其他用户。

GRANT SELECT, UPDATE(Sno)
ON TABLE Student
TO U1
WITH GRANT OPTION ；

REVOKE 语句的一般格式：

REVOKE <权限 >[, <权限 >]…
ON <对象类型 > <对象名 >[, <对象类型 > <对象名 >] …
TO <用户 >[, <用户 >]…
[CASCADE ∣ RESTRICT] ；

功能：将授权给指定用户的指定操作对象的指定操作权限收回。

发出回收：DBA；数据库对象创建者（即属主 Owner）；拥有该权限的用户。

接受回收：一个或多个具体用户，也可以是 PUBLIC，即全体用户。

CASCADE：如果被回收权限的用户或角色将该权限又赋给了其他用户和角色，该权限也会从这些用户和角色手中被回收。

RESTICT：如果被回收权限的用户或角色将该权限又赋给了其他用户和角色，该权限不会从这些用户和角色手中被回收。

（2）强制存取控制（Mandatory Access Control，MAC），DBMS 所管理的全部

实体被分为主体（用户及其进程）和客体（基本表、索引、视图等）两大类。每个主体和客体实体都被指派了一个敏感度标记（Label）。

敏感度标记包括：绝密（Top Secret）、机密（Secret）、可信（Confidential）、公开（Public）。

主体的敏感度标记称为许可证级别（Clearance Level），客体的敏感度标记称为密级（Classification Level）。MAC 就是通过对比主体和客体的敏感度标记来决定主体是否可以存取客体。

强制存取控制规则：仅当主体的许可证级别大于或等于客体的密级时，该主体才能读/取相应的客体；当主体的许可证级别等于客体的密级时，该主体才能写相应的客体。

DAC 与 MAC 共同构成 DBMS 的安全机制，实现 MAC 时要首先实现 DAC，较高安全级别提供的安全保护要包含较低级别的所有保护。先进行 DAC 检查，通过 DAC 检查的数据对象再由系统进行 MAC 检查，只有通过 MAC 检查的数据对象方可存取。

4. 视图机制

视图机制把要保密的数据对无权存取这些数据的用户隐藏起来，视图机制更主要的功能在于提供数据独立性，其安全保护功能太不精细，往往远不能达到应用系统的要求。

视图机制与授权机制配合使用：首先用视图机制屏蔽掉一部分保密数据，视图上面再进一步定义存取权限，间接实现了支持存取谓词的用户权限定义。

例 8.2：某大学郝佳老师只能检索计算机系学生的信息，系主任李玉具有检索和增删改计算机系学生所有学生的权限。

```
CREATE VIEW CS_Student
As
SELECT  *
FROM Student
WHERE Sdept = "CS" ;
GRANT SELECT
ON VIEW CS_Student
TO HJ ;
GRANT ALL PRIVILEGES
ON VIEW CS_Student
TO LY ;
```

5. 审计

审计功能是把用户对数据库的所有操作记录自动记录下来并放入审计日志

（Audit Log）中。DBA 利用审计日志，找出非法存取数据的人、时间和内容。审计分为用户级审计和系统级审计。

用户级审计，针对自己创建的数据库表或视图进行审计，记录所有用户对这些表或视图的一切成功和（或）不成功的访问要求以及各种类型的 SQL 操作。

系统级审计（DBA 设置），监测成功或失败的登录要求，以及监测 GRANT 和 REVOKE 操作以及其他数据库级权限操作。

AUDIT 语句用来设置审计功能，NOAUDIT 语句用来取消审计功能。

审计设置及审计内容一般都存放在数据字典中。必须把审计开关打开（即把系统参数 audit–trail 设为 true），才可以在系统表 SYS_AUDITTRAIL 中查看审计信息。

例 8.3：对修改 Student 表结构及数据的操作进行审计。

    AUDIT ALTER,UPDATE

    ON TABLE Student；

例 8.4：取消对 Student 表的一切审计。

    NOAUDIT ALTER,UPDATE

    ON TABLE Student；

6. 数据加密

数据加密就是防止数据库中数据在存储和传输中失密的有效手段。

1）加密的基本思想

根据一定的算法将原始数据（术语为明文，Plain Text）变换为不可直接识别的格式（术语为密文，Cipher Text），不知道解密算法的人无法获知数据的内容。

2）加密方法

（1）替换方法：使用密钥（Encryption Key）将明文中的每一个字符转换为密文中的一个字符。

（2）置换方法：将明文中的字符按不同的顺序重新排列。

（3）混合方法：美国 1977 年制定的官方加密标准——数据加密标准（Data Encryption Standard，DES）。

3）DBMS 中的数据加密

（1）有些数据库产品提供了数据加密例行程序。

（2）有些数据库产品本身未提供加密程序，但提供了接口。

数据加密功能通常也作为可选特征，允许用户自由选择。关于数据加密，以下几点需要注意。

（1）数据加密与解密是比较费时的操作。

（2）数据加密与解密程序会占用大量系统资源。

（3）应该只对高度机密的数据加密。

8.1.5 用户权限管理

在数据库管理系统中，通过角色可将用户分为不同的类，对相同类别的用户（相同角色的成员）进行统一管理，并赋予相同的操作权限。

数据库管理系统为用户提供了预定义的服务器角色和数据库角色。

固定服务器角色和固定数据库角色都是 DBMS 内置的，不允许用户进行添加、修改和删除。数据库管理系统允许用户根据需要，创建自己的数据库角色，以便对多个具有同样操作权限的用户进行统一管理。

1. 用户权限

在数据库系统中，用户申请用户账号，注册并添加到数据库，便可有权访问数据库。用户实现了安全登录后，如果在数据库中没有给该用户授予访问数据库的权限，这一用户仍不能访问数据库。

只有将用户的用户账号添加到数据库并将其添加到数据角色中，该用户才有了与角色访问数据库的许可权限相同的权限。

2. 服务器角色

服务器角色（也称固定服务器角色）是系统预定义的，是用于分配服务器级的管理权限的，用户不能修改这些角色的任何属性。

SQL Server 服务器固定服务器角色的功能如表 8-2 所示。

表 8-2 SQL Server 服务器固定服务器角色

角色	角色功能
Sysadmin（系统管理员）	角色的成员可以执行 SQL Server 系统中的任何操作
Dbcreator（数据库创建者）	角色的成员可以创建、修改、删除和恢复数据库
Setupadmin（安装管理员）	角色的成员可以配置链接服务器，还可以配置与安装有关的设置
Diskadmin（磁盘管理员）	角色的成员可以增加、删除、重新配置物理存储设备
Processadmin（进程管理员）	角色的成员管理 SQL Server 系统运行进程
Securityadmin（安全管理员）	角色的成员可以管理服务器环境的安全性配置
Serveradmin（服务器管理员）	角色的成员可以配置服务器端设置、关闭服务器等
Bulkadmin（块拷贝管理员）	角色的成员可以执行块插入操作

3. 数据库角色

数据库角色是在数据库安全级上创建的，有固定数据库角色和用户数据库角色两种。

1）固定数据库角色

固定数据库角色是 SQL Server 系统预定义的，是用于分配数据库级的管理权限的，用户不能修改这些角色的任何属性；用户数据库角色是用户根据具体的数据库及操作需求创建的角色。

SQL Server 固定数据库角色的功能如表 8-3 所示。

表 8-3　固定数据库角色

角色	角色功能
Public	每个数据库用户都是 Public 角色，它自动继承 Public 角色的许可
db_owner（数据库所有者）	角色的成员可执行数据库的所有管理操作
db_accessadmin（访问权限管理者）	角色的成员可添加或删除数据库用户、角色
db_securityadmin（安全管理员）	角色的成员可以管理语句许可和对象许可
db_ddladmin（DDL 管理员）	角色的成员可以增加、修改或删除数据库对象
db_backupoperator（备份操作员）	角色的成员可备份和恢复数据库、日志及强制执行检查点的操作
db_datareader（数据读取者）	角色的成员可以检索任何表中的数据，拥有 SELECT 许可
db_datawriter（数据写入者）	角色的成员对数据库中任意表进行插入、删除和修改的权限
db_denydatareader（拒绝数据读取者）	角色的成员不能检索数据库中任意表的内容
db_denydatawriter（拒绝数据写入者）	角色的成员不能对数据库中任意表进行插入、删除和修改操作

微视频 8-1：
SQL Server 安全机制

2）用户数据库角色

用户数据库角色与固定数据库角色一样，具有一定的操作权限。因此，创建数据库角色一是要创建角色；二是要定义角色的权限，从而用于管理同类角色成员使用数据库的权限。

8.2　完整性控制

数据库的完整性是指数据的正确性和相容性。数据库的完整性控制是为了防止数据库中存在不符合语义的数据，也就是防止数据库中存在不正确的数据。

8.2.1　完整性约束

关系的完整性是关系应该满足一些约束条件，而这些条件实际上是现实世界的要求，任何关系在任何时候都要满足这些语义约束。

实体完整性和参照完整性由 DBMS 自动支持。

用户定义完整性是应用系统需遵循的约束条件，体现了其中的语义约束。

为了维护数据库的完整性，DBMS 必须具有如下功能。

（1）提供定义完整性约束条件的机制：SQL 标准使用了一系列概念来描述三类完整性，由 SQL 的 DDL 语句实现，并作为数据库模式的一部分存入数据字典。

（2）提供完整性检查的方法：检查数据是否满足完整性约束条件。一般在插入、更新、删除语句后开始执行，或者在事务提交时执行。

（3）违约处理：DBMS 如果发现用户的操作违背了完整性约束条件，就采取一定的操作，以保证数据的完整性。

8.2.2　实体完整性控制

1. 实体完整性定义

实体完整性（Entity Integrity）：若属性（指一个或一组属性）K 是基本关系 R 的主码，则属性 K 不能取空值（主键取值非空且唯一）。

实体完整性可在 CREATE TABLE 时用 PRIMARY KEY 定义。

（1）单属性构成的码：定义为列级和表级约束条件。

（2）多个属性构成的码：通过定义为表级约束条件进行说明。

例 8.5：建立"学院"表，并定义其表级实体完整性。

CREATE TABLE 学院

（学院编号 CHAR(1)，

学院名称 CHAR(4)，

院长姓名 CHAR(6)，

电话 CHAR(13)，

地址 CHAR(5)，

PRIMARY KEY（学院编号）

）;／＊在表级定义实体完整性＊／

例 8.6：建立"学院"表，并定义其列级实体完整性。

CREATE TABLE 学院

（学院编号 CHAR(1)PRIMARY KEY，

学院名称 CHAR(4)，

院长姓名 CHAR(6)，

电话 CHAR(13)，

地址 CHAR(5)

）;／＊在列级定义实体完整性＊／

2. 实体完整性检查和违约处理

用 PRIMARY KEY 短语定义了关系的主码后，每当用户程序对基本表插入一条记录或者更新主码时，DBMS 按照实体完整性规则自动进行检查。

（1）检查主码值是否唯一，如果不唯一则拒绝插入或更新。

（2）检查主码的各个属性是否为空，只要有一个为空就拒绝插入或更新。

8.2.3 参照完整性控制

1. 参照完整性定义

参照完整性（Reference Integrity）：若属性（或属性组）F 是基本关系 R 的外码，它与基本关系 S 的主码 KS 相对应（基本关系 R 和 S 不一定是不同的关系），则对于 R 中每个元组在 F 上的值必须或者取空值，或者等于 S 中的某个元组的主码值（外码可以是空值，或存在关系间引用的另一个关系的有效值）。

关系模型的参照完整性在 CREATE TABLE 时用 FOREIGN KEY 短语定义其为外码，用 REFERENCES 短语指明这些外码参照哪个表的主码。

例 8.7：建立"系"表，并定义其表级参照完整性。

```
CREATE TABLE 系(系编号 CHAR(4),系名称 CHAR(14),
        系主任 CHAR(6),教研室个数 SMALLINT,
            班级个数 SMALLINT,学院编号 CHAR(1),
    PRIMARY KEY(系编号),
    FOREIGN KEY(学院编号)REFERENCES  学院(学院编号));
```

2. 参照完整性检查和违约处理

一个参照完整性将两个表中的相应元组联系起来，因此，在对被参照表和参照表进行添加、修改或删除操作时，有可能破坏参照完整性，必须进行检查。

当不一致发生时，系统可以采用如下的策略加以处理。

（1）拒绝（NO ACTION）执行。不允许该操作执行，该策略一般设置为默认策略。

（2）级连（CASCADE）操作。当删除或修改被参照表的一个元组，造成与参照表的不一致时，则删除或修改参照表中所有不一致的元组。

（3）设置为空值。当删除或修改被参照表的一个元组，造成与参照表的不一致时，则将参照表中所有不一致的元组的值设定为空值。

可能破坏参照完整性的情况及违约处理如表 8-4 所示。

表 8-4　参照完整性的情况及违约处理

被参照表	参照表	违约处理
可能破坏参照完整性	插入元组	拒绝

续表

被参照表	参照表	违约处理
可能破坏参照完整性	修改外码值	拒绝
删除元组	可能破坏参照完整性	拒绝/级联删除/设置为空值
修改主码值	可能破坏参照完整性	拒绝/级联修改/设置为空值

8.2.4 用户自定义完整性控制

1. 用户自定义完整性定义

用户自定义完整性（User – Defined Integrity）是用户自行定义的，不属于其他完整性的所有规则，用户定义的完整性就是针对某一具体应用的数据必须满足的语义要求。

在用 CREATE TABLE 定义属性的同时，可以根据应用要求，定义属性上的约束条件，即属性值限定，包括：

① 列值非空（NOT NULL）。

② 值唯一（UNIQUE）。

③ 检查列值是否满足一个布尔表达式（CHECK）。

例 8.8：在定义学生表时，说明学号、姓名、性别属性不允许取空值。

CREATE TABLE 学生

（学号 CHAR(6)，

姓名 CHAR(6) NOT NULL，

性别 CHAR(2) NOT NULL，

出生年月 DATETIME，

籍贯 VARCHAR(50)，

班级编号 CHAR(8)，

PRIMARY KEY(学号)，/＊在表级定义实体完整性＊/

FOREIGN KEY(班级编号) REFERENCES 班级(班级编号)/＊在表级定义参考完整性＊/)；

例 8.9：建立学生表，学号列取值唯一。

CREATE TABLE 学生

（学号 CHAR(6)UNIQUE，

姓名 CHAR(6)，

性别 CHAR(2) NOT NULL，

出生年月 DATETIME，

籍贯 VARCHAR(50),

班级编号 CHAR(8),

PRIMARY KEY(学号),

FOREIGN KEY(班级编号)

REFERENCES 班级(班级编号)

);

例 8.10：学生表的性别只允许取"男"或"女"。

CREATE TABLE 学生(

学号 CHAR(6),

姓名 CHAR(6),

性别 CHAR(2)CHECK(性别 IN('男 ','女 ')),

出生年月 DATETIME,

籍贯 VARCHAR(50),

班级编号 CHAR(8),

PRIMARY KEY(学号),

FOREIGN KEY(班级编号)

REFERENCES 班级(班级编号)

);

2. 用户自定义完整性检查和违约处理

插入元组或修改属性的值时，DBMS 检查属性上的约束条件是否被满足，如果不满足则操作被拒绝执行。在 CREATE TABLE 时可以用 CHECK 短语定义元组上的约束条件，即元组级的限制。同属性值限制相比，元组级的限制可以设置不同属性之间的取值的相互约束条件。

8.3 恢复技术

数据库恢复子系统是数据库管理系统的一个重要组成部分，而且相当庞大。恢复技术是衡量系统优劣的重要指标，影响可靠性和运行效率。

恢复能够及时还原和重建数据库，但不是所有的情况下都能够实现恢复操作。

当系统发现出现了以下情况时，恢复操作是不能进行的。

（1）使用与被恢复的数据库名称不同的数据库名去恢复数据库。

（2）服务器上数据库文件组与备份中的数据库文件组不一致。

（3）需恢复的数据库名或文件名与备份的数据库名或文件名不同。

8.3.1 事务

1. 事务的定义

事务（Transaction）是用户定义的一个数据库操作序列，这些操作要么全做，要么全不做，是一个不可分割的工作单位。

事务是构成单一逻辑工作单元的操作集合。

在关系数据库中，一个事务可以是一条 SQL 语句、一组 SQL 语句或整个程序。

事务和程序是两个概念：一个应用程序通常包含多个事务。

2. 事务的性质（ACID 特性）

1）原子性（Atomicity）

一个事务中的所有操作是不可分割的，要么全部执行，要么全部不执行，这就是事务的原子性（事务是一个不可分割的工作单元）。

2）一致性（Consistency）

一个被成功执行的事务，必须能使 DB 从一个一致性状态变为另一个一致性状态（数据不会因事务的执行而遭受破坏）。

3）隔离性（Isolation）

当多个事务并发执行时，一个事务的执行不会受到其他事务的干扰，多个事务并发执行的结果与分别执行单个事务的结果是完全一样的，这就是事务的隔离性（一个事务内部的操作及使用的数据对其他并发事务是隔离的）。

4）持久性（Durability）

事务被提交后，不管 DBMS 发生什么故障，该事务对 DB 的所有更新操作都会永远被保留在 DB 中，不会丢失（一个事务一旦完成全部操作，它对数据库的所有更新应永久地反映在数据库中）。

3. 事务的处理过程

在 SQL 中，定义事务的语句有以下 3 种。

（1）BEGIN TRANSACTION：通常是事务的开始。

（2）COMMIT 或 ROLLBACK：是事务的结束。

（3）COMMIT：表示提交，即提交事务的所有操作。具体地说，就是将事务中所有对数据库的更新都写入磁盘。

ROLLBACK 表示回滚，即在事务运行中出现了故障，事务不能继续执行，系统将事务中对数据库的所有已完成的操作全部撤销，回滚到事务开始的状态。

8.3.2 故障及恢复

1. 事务故障

1）什么是事务故障

某事务在运行过程中由于种种原因未运行至正常终止点就夭折了。这意味着事务没有达到预期的终点，因此数据库可能处于不正确的状态。

2）事务故障的常见原因

① 输入数据有误。

② 违反了某些完整性限制。

③ 某些应用程序出错。

④ 并行事务发生死锁。

3）恢复办法

在不影响其他事务运行的情况下，强行回滚该事务，使得该事务好像根本没有启动一样。

2. 系统故障

1）什么是系统故障

造成系统停止运转的任何事件，使得系统要重新启动。

2）系统故障的常见原因

① 操作系统或 DBMS 代码错误。

② 操作员操作失误。

③ 特定类型的硬件错误（如 CPU 故障）。

④ 突然停电。

3）恢复办法

尚未完成的事务可能结果已经送入数据库，已经完成的事务可能有一部分留在缓存区，尚未写回到物理数据库中。系统重新启动后，恢复子系统需要撤销所有未完成的事务，还需要重做所有已经提交的事务，以将数据库真正恢复到一致状态。

3. 介质故障

1）什么是介质故障

介质故障使存储在外存中的数据部分丢失或全部丢失。介质故障比前两类故障的可能性小得多，但破坏性大得多。

2）介质故障的常见原因

① 硬件故障。

② 磁盘损坏。

③ 磁头碰撞。

④ 操作系统的某种潜在错误。

⑤ 瞬时强磁场干扰。

3）恢复办法

介质故障必须借助 DBA 的帮助，由 DBA 一起恢复。

4. 故障处理

在 3 种故障中，事务故障和系统故障都不会破坏外存中 DB 的数据，而介质故障将破坏存放在外存的 DB 中的部分或全部数据。因此，事务故障和系统故障可以由系统自动恢复，而介质故障必须借助 DBA 帮助，由 DBA 一起恢复。

事务故障和系统故障的恢复可以利用基于日志文件的数据恢复技术。

介质故障破坏的是磁盘上的部分（或全部）物理 DB，也会破坏日志文件，而且还会影响正在存取被破坏的物理数据的所有事务（它与事务故障和系统故障相比，对 DB 的破坏性可能更大），最好用后备副本和日志文件进行 DB 恢复，也可做数据库镜像进行 DB 恢复。

8.4　并发调度

数据库是一个共享资源，可以供多个用户使用，同一时刻并发运行的事务就可以达到数百个。如果是单处理机系统，事务的并行实际上是这些事务的并行操作轮流交叉运行，称之为"交叉并发方式"，这种方式减少了处理机的空闲时间，提高了系统的效率。如果是多处理机系统，每个处理机可以运行一个事务，多个处理机可以同时运行多个事务，实现多个事务真正地并行运行，称为"同时并发方式"。当多个用户并发地存取数据时就会产生多个事务同时存取同一数据的情况。如果不加以控制就会存取和存储不正确的数据，破坏事务的一致性和数据库的一致性，因此 DBMS 必须提供并发控制机制。

8.4.1　调度

事务是并发控制的基本单元，保证事务 ACID 特性是事务处理的重要任务，而事务 ACID 特性可能遭到破坏的原因之一是多个事务对数据库的并发操作。

为了保证事务的隔离性和一致性，DBMS 需要对并发控制进行正确调度。这就是数据库管理系统中并发控制机制的责任。

事务并发调度的效率比串行调度的效率高，但事务串行调度的结果总是正确的，若并发调度的结果不正确，则会出现以下现象：

（1）丢失更新（Lost Update）。

（2）不可重复读（Non – repeatable Read）。

（3）读"脏"数据（Dirty Read）。

并发控制的主要技术是采用封锁方法。

8.4.2　封锁

1. 封锁的定义

封锁是实现并发控制的一个非常重要的技术。

一个事务对某个数据对象加锁后究竟拥有什么样的控制是由封锁的类型决

定的。

封锁就是事务 T 在对某个数据对象（如表、记录等）操作之前，先向系统发出请求，对其加锁。加锁后事务 T 就对该数据对象有了一定的控制，在事务 T 释放它的锁之前，其他的事务不能更新此数据对象。

2. 封锁类型

DBMS 通常提供多种类型的封锁，基本封锁类型包括以下几种。

1）排它锁（eXclusive Lock，简记为 X 锁）

排它锁又称为写锁：若事务 T 对数据对象 A 加上 X 锁，则只允许 T 读取和修改 A，其他任何事务都不能再对 A 加任何类型的锁，直到 T 释放 A 上的锁（保证其他事务在 T 释放 A 上的锁之前不能再读取和修改 A）。

2）共享锁（Share Lock，简记为 S 锁）

共享锁又称为读锁：若事务 T 对数据对象 A 加上 S 锁，则只允许 T 读取 A，但不允许修改 A，其他任何事务只能再对 A 加 S 锁，而不能加 X 锁，直到 T 释放 A 上的 S 锁（保证其他事务可以读 A，但在 T 释放 A 上的 S 锁之前不能对 A 做任何修改）。

封锁技术可以有效地解决并行操作的一致性问题，但也带来以下一些新的问题。

活锁：在多个事务并发执行的过程中，可能会存在某个尽管总有机会获得锁的事务却永远也没得到锁的现象，这种现象称为活锁。

死锁：多个并发事务处于相互等待的状态，其中的每一个事务都在等待它们中的另一个事务释放封锁，这样才可以继续执行下去，但任何一个事务都没有释放自己已获得的锁，也无法获得其他事务已拥有的锁，所以只好相互等待下去，这种现象称为死锁。

解决死锁主要有两种方法：一种是采取一定措施预防死锁发生；另一种是允许发生死锁，采用一定手段诊断，有则解除。

预防死锁的两种方法：第一种方法，要求每个事务必须一次性地将所有要使用的数据加锁或必须按照一个预先约定的加锁顺序对使用到的数据加锁；第二种方法，每当处于等待状态的事务有可能导致死锁时，就不再等待下去，强行回滚该事务。

解除死锁：从发生死锁的事务中选择一个回滚代价最小的事务，将其彻底回滚，或回滚到可以解除死锁处，释放该事务所持有的锁，使其他的事务可以获得相应的锁而得以继续运行下去。

8.4.3 并发调度的可串行性

数据库管理系统对并发事务不同的调度可能会产生不同的结果，那么什么样的调度是正确的呢？显然，串行调度是正确的。执行结果等价于串行调度的调度也是正确的，这样的调度叫做可串行化调度。

可串行化（Serializable）调度：多个事务的并发执行是正确的，当且仅当其结果与按某次序串行地执行这些事务时的结果相同。

可串行性（Serializability）：是并发事务正确调度的准则，一个给定的并发调度，当且仅当它是可串行化的，才认为是正确调度。

8.5　计算思维漫谈八：控制与调度

数据库管理软件的系统控制功能（安全性、完整性、恢复技术和并发控制）是计算思维的最好体现。它是按照预防、保护及通过冗余、容错、纠错的方式，并从最坏情况进行系统恢复的一种思维方法控制整个数据库系统正常运转，体现了一种条件思维和低线思维的思想。数据库管理软件关系的完整性约束，保证了数据处理过程中数据的完整性和一致性。

数据库管理软件为了实现数据库安全管理中的数据保护，避免无意或者有意破坏或者窃取，数据库设计者会对不同的数据库访问用户进行用户识别，来判断用户的身份角色。这如同情报机构为了保证信息安全性，情报机构工作人员进入相应工作场所时，会经历不同的身份识别，如指纹识别、面部识别、眼虹膜辨认法等，都是根据不同的生物标识特征来进行身份的鉴定。数据库中的角色及用户权限的限定，一旦通过用户识别，用户便可行使赋予其相应的数据库使用权限，对数据库进行操纵。如果没有通过用户识别或未被正式授权或不符合协议的要求，就不能进入，这是数字化社会控制的主要方式和内容。

数据库管理软件进行数据恢复是当存储介质出现损伤或由于人员误操作、操作系统本身故障所造成的数据看不见、无法读取或丢失时，通过特殊的手段读取在正常状态下不可见、不可读、无法读的数据。但在数据库中，为了实现及时有效的数据恢复，通常采取对数据进行备份的方式，如完全备份、事务日志备份、差异备份等。就像人们在日常生活中经常使用的手机，手机系统就会经常提示使用者，进行电话本的备份，备份时会提示：备份全部联系人还是仅备份变化的联系人，现在还出现了云端通讯录，即使手机丢失或损坏了，也不用担心数据的丢失，这就是数据恢复作用体现的一个很好的例子。

数据库管理软件并发调度的可串行性思想，在日常生活中比比皆是，如飞机航班调度、智能交通的红绿灯控制问题，都是用并发调度的思想来解决的。还有对数据施加封锁时，封锁的粒度越小，并发性越高，事务的处理速度越快，但系统代价越高，而封锁的粒度越大，系统处理代价越小，但事务之间的并发程度降低，事务的等待时间延长，这些问题都需要用到辩证的思想进行处理。

本章知识点树

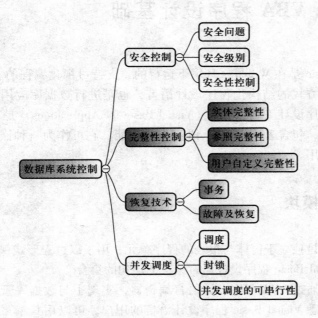

思 考 题

1. 简述数据库 SQL Server 安全机制。
2. SQL Server 安全认证模式有几种，区别是什么？
3. 完整性有几种？
4. 简述完整性的意义。
5. 常见的故障有几种？
6. 什么是事务，其特性是什么？
7. 简述如何进行恢复。
8. 什么是调度？
9. 什么是封锁？
10. 什么是并发调度的可串行性？

第9章　VBA 程序设计基础

Visual Basic 是在 Windows 环境下运行的、支持可视化编程的、面向对象的、采用事件驱动方式的结构化程序设计语言，也是进行数据库应用系统开发最简单、易学的程序设计工具。VBA（Visual Basic for Applications）是 Visual Basic 简化的编程语言，包含 Visual Basic 语言主要功能，它可作为一种嵌入式语言，与 Access 配套使用。

9.1　标准模块

标准模块是独立于窗体与报表的程序单元，用于以过程形式保存代码，这些代码是由 Visual Basic 程序设计语言编写的语句的集合。

标准模块通过 VBA 程序设计语言编辑器，实现了与数据库管理系统的完美结合，对于熟悉 Visual Basic 程序设计语言的用户，可以用其编写数据库应用系统程序的前台界面，再依靠数据库的后台支持，完成数据库应用系统程序的开发。

利用 VBA 程序设计语言编辑器，即在"代码"编辑窗口，可以创建与编辑用 Visual Basic 程序设计语言编写的"事件过程"，如图 9-1 所示。

图 9-1　Visual Basic 程序代码

　　因为模块是基于 Visual Basic 程序设计语言而创建的，如果要使用模块这一数据库对象，就要对 Visual Basic 程序设计语言有一定程度的了解。有关 Visual Basic 程序设计语言的详细内容，本章只作简单介绍，希望读者参考有关书籍。

9.2　VBA 程序基本要素

　　任何一个由高级语言编写的应用程序所表达的内容均包含两个重要的方面：一是数据；二是程序控制。其中，数据是程序的处理对象，由所创建的数据类型决定其结构、存储方式及运算规则；程序控制则是程序流程控制，也是对数据进行处理的算法。

　　程序可抽象地表示为：程序 = 算法 + 数据结构。

　　本节将介绍 Visual Basic 程序的基本内容、数据的类型、基本的语句成分等。

9.2.1　数据类型

　　在 Visual Basic 系统中，常用标准数据类型分为数值型、字符型、货币型、日期型、布尔型、对象型、变体型、字节型和用户自定义数据类型。

1. 标准数据类型

　　表 9-1 是 VBA 标准数据类型的相关信息。

表 9-1　常用标准数据类型

数据类型	类型符号	占用字节	取值范围
整型（Integer）	%	2	− 32768 ~ 32767
长整型（Long）	&	4	− 2147483648 ~ 2147483647
单精度型（Single）	!	4	负数：− 3.402823E38 ~ − 1.401298E − 45 正数：1.401298E − 45 ~ 3.402823E38
双精度型（Double）	#	8	负数：− 1.79769313486232E308 ~ − 4.94065645841247E − 324 正数：4.94065645841247E − 324 ~ 1.79769313486232E308
字符型（String）	$	不定	0 ~ 65400 个字符（定长字符型）
货币型（Currency）	@	8	− 922337203685477.5808 ~ 922337203685477.5807
日期型（Date）	无	8	100 − 01 − 01 ~ 9999 − 12 − 31
布尔型（Boolean）	无	2	True 或 False
对象型（Object）	无	4	任何引用的对象
变体型（Variant）	无	不定	由最终的数据类型而定
字节型（Byte）	无	1	0 ~ 255

2. 用户自定义数据类型

在 Visual Basic 系统中，除了为用户提供了标准数据类型之外，还允许用户自定义数据类型，这种数据类型可包含一个或多个标准数据类型的数据元素。

定义自定义数据类型语句的格式如下：

> Type 数据类型名
>
> 　　数据元素名 [([下标])]　　As　类型名
>
> 　　数据元素名 [([下标])]　　As　类型名
>
> 　　……
>
> End Type

9.2.2　常量

常量是在程序中可直接引用的实际值，其值在程序运行中不变。

1. 文字常量

文字常量实际上就是常数，数据类型的不同决定了常量的表现也不同。

例如：

– 123.56,	768,	+ 3.256767E3	为数值型常量
"A20103",	"北京市宣武区"		为字符型常量
#04/12/14#,	#2014/02/19 10:01:01#		为日期型常量

2. 符号常量

符号常量是命名的数据项，其类型取决于 <表达式> 值的类型。

定义符号常量语句格式如下：

> Const　常量名　[As 类型|类型符号] = <表达式>
>
> 　[,常量名　[As 类型|类型符号] = <表达式>]

例如：Const S1% = 32，PI As Single = 3.14159，S2% = S1 + 50。

3. 系统常量

系统常量是 Visual Basic 系统预先定义好的，用户可直接引用。

例如：vbRed、vbOK、vbYes。

9.2.3　变量

变量（Variable）在程序运行中其值可以改变。我们这里所讲的是一般意义上的简单变量（又称内存变量）。

在 Visual Basic 系统中，每一个变量都必须有一个名称，用以标识该内存单元的存储位置，用户可以通过变量标识符使用内存单元存取数据；变量是内存中的临时单元，这就决定了它可以用来在程序的执行过程中保留中间结果与最后结果，或用来保留对数据进行某种分析处理后得到的结果；在给变量命名时，一定要定义好变量的类型，变量的类型决定了变量存取数据的类型，也决定了变量能参与哪些运算。

1. 变量的声明

变量声明就是给变量定义名称及类型。

1）显示声明

声明局部变量语句格式如下：

    Dim 变量名 ［As 类型/类型符］

    ［,变量名 ［As 类型/类型符］］

例如：Dim I As integer 或 Dim I%，Sum！

2）隐式声明

未进行显示声明而通过赋值语句直接使用，或省略了［As 类型/类型符］短语的变量，其类型为变体（Variant）类型。

3）强制声明

在 Visual Basic 程序的开始处，若出现（系统环境可设置）或写入下面语句：

    Option Explicit

程序中的所有变量必须进行显示说明。

2. 变量作用域

变量的作用域就是变量在程序中的有效范围。

能否正确使用变量，理解变量的作用域是非常重要的，一旦变量的作用域被确定，使用时就要特别注意它的作用范围。当程序运行时，各对象间的数据传递就是依靠变量来完成的，变量的作用范围定义不当，对象间的数据传递就将导致失败。

通常将变量的作用域分为局部变量，窗体、模块变量，全局变量三类。

3. 数组变量

数组不是一种数据类型，而是一组有序基本类型变量的集合，数组的使用方法与内存变量相同，但功能远远超过内存变量效力。

1）数组特点

Visual Basic 系统中的数组有以下几个主要特点。

① 数组是一组具有相同类型的元素的集合；

② 数组中各元素有先后顺序，它们在内存中依照排列顺序连续存储在一起；

③ 所有的数组元素是用一个数组名命名的一个集合体，而且每一个数组元素在内存中独占一个内存单元，可视同为一个内存变量。为了区分不同的数组元素，每一个数组元素都是通过数组名和下标来访问的，如 A(1，2)、B(5)。

④ 使用数组时，必须对数组进行"声明"，既先声明后使用。

2）数组声明

在计算机中，数组占用一组内存单元，数组用一个统一的名字（数组名）代表一组内存单元区域的名称，每个元素的下标变量用来区分数组元素在内存单元区域的位置。对数组进行声明，其目的就是确定数组占用内存单元区域的大小，是对数组名、数组元素的数据类型、数组元素的个数进行定义。

（1）声明静态数组。

语句格式如下。

格式一：

Dim ｜ Public ｜ Private 变量名（下标 1 的上界）
　　［As 类型/类型符］
　　［，变量名（下标 2 的上界）［As 类型/类型符］］
　　……［，变量名（下标 n 的上界）［As 类型/类型符］］

格式二：

Dim ｜ Public ｜ Private 变量名（［＜下标的下界 1 ＞to］下标 1 的上界）
　　［As 类型/类型符］
　　［，变量名（［＜下标的下界 2 ＞to］下标 2 的上界）［As 类型/类型符］］
　　……［，变量名（［＜下标的下界 n ＞to］下标 n 的上界）［As 类型/类型符］］

功能：定义静态数组的名称、数组的维数、数组的大小、数组的类型。

（2）声明动态数组。动态数组声明要完成以下两步操作。

其一，用 Dim 语句声明动态数组。

语句格式如下：

Dim ｜ Public ｜ Private 变量名（）

功能：定义动态数组的名称。

其二，用 ReDim 语句声明动态数组的大小。

语句格式如下：

ReDim［Preserve］变量名（下标 1 的上界）［As 类型/类型符］
　　［，变量名（下标 2 的上界）［As 类型/类型符］］
　　……［，变量名（下标 n 的上界）［As 类型/类型符］］

功能：定义动态数组的大小。

9.2.4　函数

内部函数是 Visual Basic 系统为用户提供的标准过程，使用这些内部函数，可以使某些特定的操作更加简便。在使用内部函数时，要了解函数的功能、书写格式、参数、函数结果的类型及表现形式。

　　根据内部函数的功能，将其分为数学函数、字符函数、转换函数、日期函数、测试函数、颜色函数、路径函数等。

1. 数学函数

常用的数学函数如表 9-2 所示。

表 9-2　常用数学函数的功能及实例

函数	功能	例子	函数值
Abs(N)	绝对值	ABS(-3)	3
Cos(N)	余弦	Cos(45 * 3.14 / 180)	0.707
Exp(N)	e 指数	Exp(2)	7.389
Int(N)	返回参数的整数部分	Int(1234.5678)	1234
Log(N)	自然对数	Log(2.732)	1
Rnd(N)	返回一个包含随机数	Rnd	0~1 之间的数
Sgn(N)	返回一个正负号或 0	Sgn(5)	1
Sin(N)	正弦	Sin(45 * 3.14 / 180)	0.7068
Sqr(N)	平方根	Sqr(25)	5
Tan(N)	正切	Tan(45 * 3.14 / 180)	0.9992

　　注意：N 可以是数值型常量、数值型变量、数学函数和算术表达式，而且数学函数的返回值仍是数值型常量。

2. 字符函数

常用的字符函数如表 9-3 所示。

表 9-3　常用字符函数的功能及实例

函数	功能	例子	函数值
Instr(C1,C2)	在 C1 中查找 C2 的位置	Instr("ABCDE","DE")	4
Lcase\$(C)	将 C 中的字母转换为小写	Lcase\$("ABcdE")	"abcde"
Left(\$C,N)	取 C 左边 N 个字符	Left\$("ABCDE",3)	"ABC"
Len(C)	测试 C 的长度	Len("ABCDE")	5
LTrim\$(C)	删除左边的空格	LTrim\$("AA" + "BB ")	"AA　BB"
Mid\$(C,M,N)	从第 M 个字符起，取 C 中 N 个字符	Mid\$("ABCDE",2,2)	"BC"

续表

函数	功能	例子	函数值
Right $(C,N)	取 C 右边 N 个字符	Right$("ABCDE",3)	"CDE"
RTrim $(C)	删除 C 右边的空格	RTrim$("AA " + "BB ")	"AA BB"
Space $(N)	产生 N 个数的空格字符	Space(5)	" "
Trim $(C)	删除 C 首尾两端的空格	Trim$("AA" + "BB")	"AA BB"
Ucase $(C)	将 C 中的字母转换为大写	Ucase$("abcde")	"ABCDE"

注意：N 可以是数值型常量、数值型变量、数学函数和算术表达式；C 可以是字符型常量、字符型变量、字符函数和字符表达式，而且字符函数中，函数名后跟（$）的返回值仍是字符型常量。

3. 转换函数

常用的转换函数如表 9-4 所示。

表 9-4　常用转换函数的功能及实例

函数	功能	例子	函数值
Asc(C)	返 C 的第一个字符的 ASCII 码	Asc("A")	65
Chr(N)	返回 ASCII 码 N 对应的字符	Chr(97)	"a"
Str(N)	将 N 转换成 C 类型	Str(100010)	"100010"
Val(C)	将 C 转换成 N 类型	Val("123.567")	123.567

4. 日期函数

常用的日期函数如表 9-5 所示。

表 9-5　常用日期函数的功能

函　　数	功　　能
Date	返回当前系统日期（含年月日）
DateAdd(C,N,date)	返回当前日期增加 N 个增量的日期
DateDiff(C,date1,date2)	返回 date1、date2 间隔的时间
Day(Date)	返回当前日期
Hour(Time)	返回当前小时
Minute(Time)	返回当前分钟

续表

函　　数	功　　能
Month(Date)	返回当前月份
Now	返回当前日期和时间（含年月日、时分秒）
Second(Time)	返回当前秒
Time	返回当前时间（含时分秒）
Weekday	返回当前星期
Year(Date)	返回当前年份

注意：N 可以是数值型常量、数值型变量、数值型函数和算术表达式，C 是专门的字符串（YYYY—年、Q—季、M—月、WW—星期、D—日、H—时、N—分、S—秒）。

例如：

（1）若系统时间为 2014 - 2 - 25 13：35：08，输出当前日期和当前日期时间的值。

表达式为：Date,Now

其值为：2014 - 2 - 25　　　2014 - 2 - 25 13：35：08

（2）若系统时间为 2014 - 2 - 25 13：35：08，输出当前日期及年、月、日的值。

表达式为：Date，Year(Date)，Month(Date)，Day(Date)

其值为：2014 - 2 - 25　　　　2013　　　　　　2　　　　　　25

（3）若系统时间为 2013 - 2 - 25 14：03：40，输出当前时间及时、分、秒的值。

表达式为：Time，Hour(Time)，Minute(Time)，Second(Time)

其值为：14：03：40　　　14　　　　　3　　　　　40

（4）输出 2013 - 2 - 25 与 2013 - 7 - 30 相隔的天数。

表达式为：DateDiff("D" ,#2013 - 2 - 25#,#2013 - 7 - 30#)

其值为：155

（5）输出当前时间与 2008 - 1 - 1 相隔的天数、小时数。

表达式为：DateDiff("D" ,Now,#2018 - 1 - 1#),DateDiff("H" ,Now,#2018 - 1 - 1#)

其值为：1415　　　　　　33949

5. 测试函数

常用的测试函数如表 9-6 所示。

表 9-6   常用测试函数的功能

函　　数	功　　能
IsArray(E)	测试 E 是否为数组
IsDate(E)	测试 E 是否为日期类型
IsNumeric(E)	测试 E 是否为数值类型
IsNull(E)	测试 E 是否包含有效数据
IsError(E)	测试 E 是否为一个程序错误数据
Eof( )	测试文件指针是否到了文件尾

注意：E 为各种类型的表达式，测试函数的结果为布尔型数据。

6. 颜色函数

1）QBColor 函数

QBColor 函数的格式如下：

　　QBColor(N)

功能：通过 N（颜色代码）的值产生一种颜色。

颜色代码与颜色对应关系如表 9-7 所示。

表 9-7   颜色代码与颜色对应关系

颜色代码	颜色	颜色代码	颜色
0	黑	8	灰
1	蓝	9	亮蓝
2	绿	10	亮绿
3	青	11	亮青
4	红	12	亮红
5	洋红	13	亮洋红
6	黄	14	亮黄
7	白	15	亮白

2）RGB 函数

RGB 函数格式如下：

　　RGB(N1,N2,N3)

功能：通过 N1、N2、N3（红、绿、蓝）三种基本颜色代码产生一种颜色，其中 N1、N2、N3 的取值范围为 0 ~ 255 之间的整数。

例如：

（1）RGB(255,0,0) 产生的颜色是"红"色。

（2）RGB(0,0,255) 产生的颜色是"蓝"色。

（3）RGB(100,100,100) 产生颜色是"深灰"色。

9.2.5 表达式

表达式是由变量、常量、函数、运算符和圆括号组成的式子。根据运算符的不同，将表达式分为算术表达式、字符表达式、关系表达式、逻辑表达式等。

1. 算术表达式

算术表达式是由算术运算符和数值型常量、数值型变量、返回数值型数据的函数组成，其运算结果仍是数值型常数。

算术运算符及表达式的实例如表 9-8 所示。

表 9-8　算术运算符及实例

运算符	功能	例子	表达式值
^	幂	5^2	25
取负	–	–5^2	–25
*, /	乘、除	36 *4/9	16
\	整除	25 \ 2	12
Mod	模运算（取余）	97 Mod 12	1
+, –	加，减	3 +8 –6	5

在进行算术表达式计算时，要遵循以下优先顺序：先括号，在同一括号内，按先取负（–）、幂（^），再乘除（*、/），再模运算（%），后加减（+、–）。

2. 字符表达式

字符表达式由字符运算符和字符型常量、字符型变量、返回字符型数据的函数组成，其结果是字符常数或逻辑型常数。

字符运算符及表达式的实例如表 9-9 所示。

表 9-9　字符运算符及表达式实例

运算符	功能	例子	表达式值
+	连接两个字符型数据	"计算机" +"软件"	"计算机软件"
&	连接两个字符型数据	"计算机"&"软件"	"计算机软件"

"+"和"&"两者均是完成字符串连接运算。不同的是前者既可以做加法运算又可以做字符串连接运算；后者则只能做字符串连接运算。

3. 关系表达式

关系表达式可由关系运算符和字符表达式、算术表达式组成，其运算结果为逻辑型常量。关系运算是运算符两边同类型元素的比较，关系成立结果为真（True）；反之结果为假（False）。

关系运算符及表达式实例如表 9-10 所示。

表 9-10 关系运算符及表达式

运算符	功能	例子	表达式值
<	小于	$3 * 5 < 20$	True
>	大于	$3 > 1$	True
=	等于	$3 * 6 = 20$	False
< >、> <	不等于	$4 < > -5, 4 > < -5$	True
<=	小于或等于	$3 * 2 <= 6$	True
>=	大于或等于	$6 + 8 >= 15$	False
Like	字符串是否匹配	"ABC" Like "ABC"	True

4. 逻辑表达式

逻辑表达式可由逻辑运算符和逻辑型常量、逻辑型变量、返回逻辑型数据的函数和关系表达式组成，其运算结果仍是逻辑型常量。

逻辑运算符及表达式实例如表 9-11 所示。

表 9-11 逻辑运算符及表达式实例

运算符	功能	例子	表达式值
NOT	非	$NOT\ 3 + 5 > 6$	False
AND	与	$3 + 5 > 6\ AND\ 4 * 5 = 20$	True
OR	或	$6 * 8 <= 45\ OR\ 4 < 6$	True
Xor	异或	$3 > 2\ Xor\ 3 < 4$	False
Eqv	等价	$7 > 6\ Eqv\ 7 < 8$	True
Imp	蕴含	$7 > 6\ Eqv\ 7 > 8$	False

逻辑表达式在运算过程中所遵循的运算规则如表 9-12 所示。

表 9–12 逻辑表达式运算规则

A	B	Not A	A and B	A or B
True	True	False	True	True
True	False	False	False	True
False	True	True	False	True
False	False	True	False	False

进行逻辑表达式计算值时要遵循以下优先顺序：括号、NOT、AND、OR。

以上各种类型的表达式，遵守的运算规则是：在同一个表达式中，如果只有一种类型的运算，则按各自的优先级来进行运算；如果有两种或两种以上类型的运算，则按照函数运算、算术运算、字符运算、关系运算、逻辑运算的顺序来进行运算。

9.2.6 编码规则

1. 标识符的命名规则

标识符是常量、变量、数组、控件、对象、函数、过程等用户命名元素的标识，在 Visual Basic 系统中，标识符的命名规则如下。

（1）由字母或汉字开头，可由字母、汉字、数字、下画线组成。

（2）长度小于 256 个字符。

（3）不能使用 Visual Basic 系统中的专用关键字。

（4）标识符不区分大小写。

（5）在变量名前加一个缩写的前缀，用来表明该变量的数据类型。

2. 程序注释

程序注释是对编写的程序加以说明和注解，这样便于程序的阅读，便于程序的修改和使用。注释语句是以单引号（'）开头的语句行，或以单引号（'）为后段语句的语句段落。

3. 语句的构成

在 Visual Basic 系统中，语句是由保留字及语句体构成的，而语句体又是由命令短语和表达式构成的。

保留字和命令短语中的关键字，是系统规定的"专用"符号，用来指示计算机"做什么"动作，必须严格地按系统要求来写；语句体中的表达式，可由用户定义，用户要严格按"语法"规则来写。

4. 程序书写规则

在 Visual Basic 系统中，通常每条语句占一行，一行最多允许有 255 个字符；

如果一行书写多个语句，语句之间用冒号"："隔开；如果某个语句一行写不完，可用连接符空格和下画线"_"。

9.3 顺序结构语句

顺序结构是在程序执行时，根据程序中语句的书写顺序依次执行的语句序列。

常用的顺序结构的语句有赋值语句（＝）、输入/输出语句（Print、Cls）、注释语句（′或 Rem）、终止程序（End）等。

顺序结构语句的流程如图9-2所示。

例9.1：输出字符串，如图9-3所示。

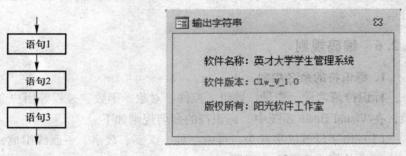

图9-2 顺序结构语句的流程　　　　图9-3 输出字符串

操作步骤如下。

（1）设计窗体 Caption 属性为"输出字符串"。

（2）设计3个标签控件。

（3）打开"代码设计"窗口，输入程序代码。

Form_Load( )事件代码如下：

```
Private Sub Form_Load( )
    Label1. Caption = "软件名称:英才大学学生管理系统"
    Label2. Caption = "软件版本:Clw_V_1.0"
    Label3. Caption = "版权所有:阳光软件工作室"
End Sub
```

（4）保存窗体，运行程序，结果如图9-3所示。

9.4 分支结构

分支结构是在程序执行时，根据不同的"条件"，选择执行不同的程序语句，用来解决有选择、有转移的诸多问题。

　　分支结构是 Visual Basic 系统程序的基本结构之一，分支语句是非常重要的语句，其基本形式有如下几种。

9.4.1 If 语句

　　If 语句又称为分支语句，它有单路分支结构和双路分支结构两种格式。

1. 单路分支

单路分支的语句格式如下。

格式一：

　　　If ＜表达式＞ Then

　　　　　＜语句序列＞

　　　End If

格式二：

　　　If ＜表达式＞ Then　＜语句＞

　　功能：先计算＜表达式＞的值，当＜表达式＞的值为 True 时，执行＜语句序列＞/＜语句＞中的语句，执行完＜语句序列＞/＜语句＞，再执行 If 语句的下一条语句；否则，直接执行 If 语句的下一条语句。

　　单路分支语句的流程，如图9-4 和图9-5 所示。

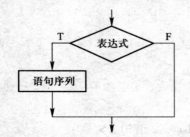
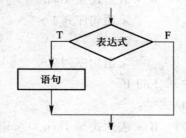

图9-4　单路分支语句的流程（格式一）　　　图9-5　单路分支语句的流程（格式二）

　　例9.2：计算两个正数的和，如图9-6 所示。

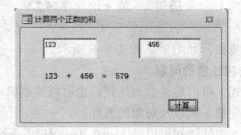

图9-6　计算两个正数的和

操作步骤如下。

（1）设计窗体 Caption 属性为"计算两个正数的和"。

（2）设计 1 个标签、2 个文本框和 1 个命令按钮。

（3）打开"代码设计"窗口，输入程序代码。

定义全局变量如下：

```
Dim I As Integer
```

Command1_Click( )事件代码如下：

```
Private Sub Command1_Click( )
    If Me. Text1 > 0 And Me. Text2 > 0 Then
        I = Val( Me. Text1) + Val( Me. Text2)
        Label1. Caption = Trim( Me. Text1) & " + " & Trim( Me. Text2) & " = " & I
    End If
End Sub
```

（4）保存窗体，运行程序，结果如图 9-6 所示。

2. 双路分支

双路分支的语句格式如下。

格式一：

```
If <表达式> Then
    <语句序列 1>
Else
    <语句序列 2>
End If
```

格式二：

```
If <表达式> Then    <语句 1>    Else    <语句 2>
```

功能：先计算<表达式>的值，当<表达式>的值为 True 时，执行<语句序列 1>/<语句 1>中的语句；否则，执行<语句序列 2>/<语句 2>中的语句；执行完<语句序列 1>/<语句 1>或<语句序列 2>/<语句 2>后再执行 If 语句的下一条语句。

双路分支语句的流程，如图 9-7 和图 9-8 所示。

3. 使用分支语句应注意的问题

（1）<条件表达式>可以是关系表达式，也可以是逻辑表达式，还可以是取值为逻辑值的常量、变量、函数及对象的属性。

（2）<语句序列>中的语句可以是 Visual Basic 任何一个或多个语句，因此，同样还可以有 If 语句，可以是由多个 If 语句组成的嵌套结构。

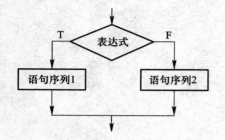

图 9-7 双路分支语句的流程（格式一）

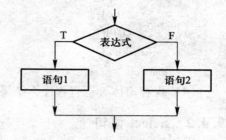

图 9-8 双路分支语句的流程（格式二）

（3）若不是单行 If 语句时，If 必须与 End If 配对使用。

例 9.3：检验用户名及密码，如果 3 次未通过检验，将提示"您无权使用本系统"，如图 9-9 所示。

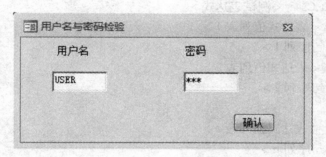

图 9-9 用户名与密码检验

操作步骤如下。

（1）设计窗体 Caption 属性为"用户名与密码检验"。

（2）设计 2 个标签、2 个文本框和 1 个命令按钮。

（3）打开"代码设计"窗口，输入程序代码。

定义全局变量如下：

```
Dim I As Integer
```

Command1_Click( ) 事件代码如下：

```
Private Sub Command1_Click( )
    I = I + 1
    If Trim( Me. Text1) = "user" And Trim( Me. Text2) = "111" Then
        MsgBox "登录成功", 48 + 1, "提示"
    Else
        MsgBox "输入错误,请重新输入", 32 + 1, "提示"
        If I = 3 Then
            MsgBox "对不起,您无权使用本系统!", 16 + 1, "提示"
```

```
                End
              End If
            End If
          End Sub
```

（4）保存窗体，运行程序，结果如图 9-9 所示。

9.4.2 Select 语句

Select Case 语句又称多路分支语句，它是根据多个表达式列表的值，选择多个操作中的一个对应执行。

1. 多路分支

多路分支的语句格式如下：

```
Select Case  <测试表达式>
Case  <表达式值列表 1>
<语句序列 1>
Case  <表达式值列表 2>
<语句序列 2>
……
Case  <表达式值列表 n>
<语句序列 n>
[ Case Else
<语句序列 n + 1> ]
End Select
```

功能：该语句执行时，根据<测试表达式>，从上到下依次检查 n 个<表达式值列表>，如果有一个与<测试表达式>的值相匹配，选择 n + 1 个<语句序列>中对应的一个执行，当所有 Case 中的<表达式值列表>中没有与<测试表达式>的值相匹配时，如果有 Case Else 选项，则执行<语句序列 n + 1>，再执行 End Select 后面的下一条语句；否则，直接执行 End Select 后面的下一条语句。

多路分支语句的流程，如图 9-10 所示。

2. 使用多路分支语句应注意的事项

（1）<测试表达式>可以是各类表达式，还可以是取值常数的常量、变量、函数及对象的属性。

（2）<语句序列>中的语句是任何语句，因此，同样还可以有 If、Select … End Select 语句，可以是由多个 If、Select … End Select 语句组成的嵌套结构。

（3）Select 与 End Select 必须配对使用。

例 9.4：设计一个窗体，通过文本框接收数据，计算期末考试平均成绩，

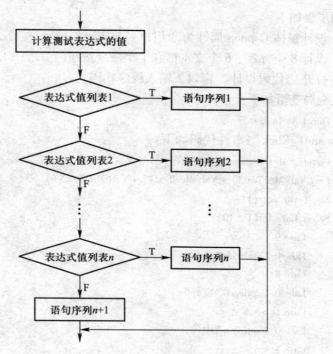

图 9-10 多路分支语句的流程

再评定等级（等级评定标准是：平均分 91~100 为"优秀"，平均分 81~90 为"良好"，平均分 60~80 为"中等"，平均分 60 以下为"差"），如图 9-11 所示。

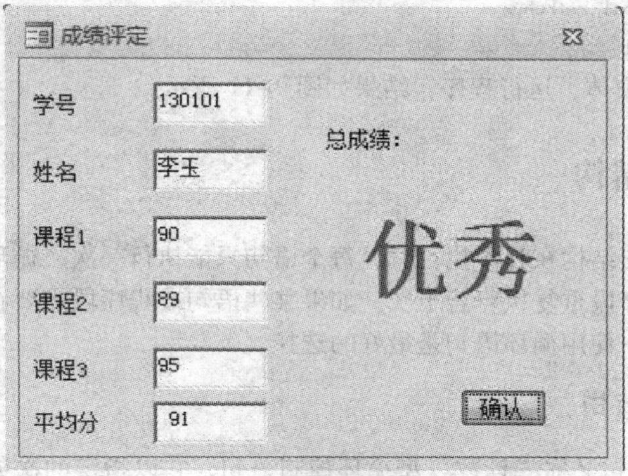

图 9-11 成绩评定

操作步骤如下。

（1）设计窗体 Caption 属性为"用户名与密码检验"。

（2）设计 8 个标签、6 个文本框和 1 个命令按钮。

（3）打开"代码设计"窗口，输入程序代码。

定义全局变量如下：

```
Dim I As Integer
```

Command1_Click( )事件代码如下：

```
Private Sub Command1_Click( )
I = ( Val( Me. Text3) + Val( Me. Text4) + Val( Me. Text5) ) / 3
Me. Text6 = Str( I)
Select Case Int( I / 10)
    Case 9
    Label0. Caption = "优秀"
    Case 8
    Label0. Caption = "良好"
    Case Is > 5
    Label0. Caption = "中等"
    Case Is < 6
    Label0. Caption = "差"
End Select
End Sub
```

Form_Load( )事件代码如下：

```
Private Sub Form_Load( )
    Text1. SetFocus
End Sub
```

（4）保存窗体，运行程序，结果如图 9-11 所示。

9.5　循环结构

顺序、分支结构在程序执行时，每个语句只能执行一次，循环结构则能够使某些语句或程序段重复执行若干次。如果某些语句或程序段需要在一个固定的位置上重复操作，使用循环语句是最好的选择。

9.5.1　For 语句

For 循环语句又称"计数"型循环控制语句，它以指定的次数重复执行一组语句。

1. For 语句的格式

For 语句的格式如下：

　　For ＜循环变量＞＝＜初值＞ to ＜终值＞［Step　＜步长＞］

　　＜循环体＞

　　［Exit For］

　　Next ＜循环变量＞

功能：用循环计数器＜循环变量＞来控制＜循环体＞内的语句的执行次数。

执行该语句时，首先将＜初值＞赋给＜循环变量＞，然后判断＜循环变量＞是否"超过"＜终值＞，若结果为 True，则结束循环，执行 Next 后面的下一条语句；否则，执行＜循环体＞内的语句，再将＜循环变量＞自动按＜步长＞增加或减少，再重新判断＜循环变量＞当前的值是否"超过"＜终值＞，若结果为 True 时，则结束循环，重复上述过程，直到其结果为真。

For 语句的流程，如图9-12 和图9-13 所示。

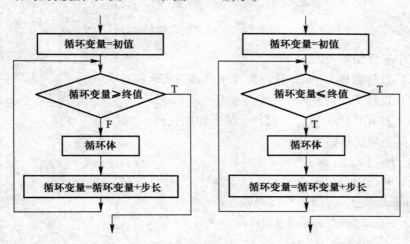

图9-12　步长＞0 For 语句的流程　　图9-13　步长＜0 For 语句的流程

2. 使用 For 语句应注意的问题

（1）＜循环变量＞是数值类型的变量，通常引用整型变量。

（2）＜初值＞、＜终值＞、＜步长＞是数值表达式，如果其值不是整数时，系统会自动取整，＜初值＞、＜终值＞、＜步长＞三个参数的取值，决定了＜循环体＞的执行次数（计算公式为：循环次数＝Int（（＜终值＞－＜初值＞）/＜步长＞）+1)。

（3）＜步长＞可以是＜循环变量＞的增量，通常取大于 0 或小于 0 的整数，其中：

① 当＜步长＞大于 0 时，＜循环变量＞"超过"＜终值＞，意味着＜循环

变量>大于<终值>；

②当<步长>小于0时，<循环变量>"超过"<终值>，意味着<循环变量>小于<终值>；

③当<步长>等于0时，要使用分支语句和 Exit For 语句控制循环结束。

（4）<循环体>可以是 Visual Basic 任何一个或多个语句。

（5）[Exit For] 是出现在<循环体>内的退出循环的语句，它一旦在<循环体>内出现，就一定要有分支语句控制它的执行。

（6）Next 中的<循环变量>和 For 中的<循环变量>是同一个变量。

例9.5：求1~100自然数的和，如图9-14所示。

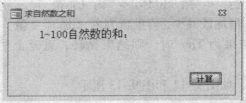

图9-14　1~100自然数的和

操作步骤如下。

（1）设计窗体 Caption 属性为"用户名与密码检验"。

（2）设计2个标签和1个命令按钮。

（3）打开"代码设计"窗口，输入程序代码。

定义全局变量如下：

```
Dim I As Integer
Dim SUM As Integer
```

Command1_Click()事件代码如下：

```
Private Sub Command1_Click()
    For I = 1 To 100
        SUM = SUM + I
    Next I
    Label0. Caption = SUM
End Sub
```

（4）保存窗体，运行程序，结果如图9-14所示。

9.5.2　While 语句

While 语句又称"当"型循环控制语句，它是通过"循环条件"控制重复执行一组语句。

1. While 语句的格式

While 语句的格式如下：

    While　＜循环条件＞

    ＜循环体＞

    Wend

功能：当＜循环条件＞为 True 时，执行＜循环体＞内的语句，遇到 Wend 语句后，再次返回，继续测试＜循环条件＞是否为 True，直到＜循环条件＞为 False，执行 Wend 语句的下一条语句。

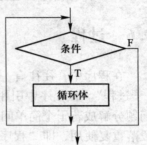

While 语句的流程如图 9-15 所示。

2. 使用 While 语句应注意的问题

① 当＜循环条件＞永远为 True 时，＜循环体＞将无终止；

② 当第一次测试＜循环条件＞为 False 时，＜循环体＞一次不执行；

图 9-15　While 语句的流程

③ While 与 Wend 必须配对使用。

例 9.6：求 1～10 的阶乘（P = 10!），如图 9-16 所示。

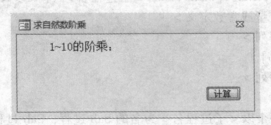

图 9-16　自然数阶乘

操作步骤如下。

（1）设计窗体 Caption 属性为"用户名与密码检验"。

（2）设计 2 个标签和 1 个命令按钮。

（3）打开"代码设计"窗口，输入程序代码。

定义窗体变量代码如下：

```
Dim i As Integer
Dim P As Double
```

Command1_Click( )事件代码如下：

```
Private Sub Command1_Click( )
    P = 1
    I = 1
```

```
While I <= 10
    P = P * I
    I = I + 1
Wend
Label0. Caption = P
```
End Sub

（4）保存窗体，运行程序，结果如图 9-16 所示。

9.6 过程

在程序中，往往有一些程序段落要反复使用，通常将这些程序段落定义成"子过程"。在程序中引用子过程，可以有效地改善程序的结构，从而把复杂的问题分解成若干个简单问题进行设计，即"化全局为局部"；还可以使同一程序段落重复使用，即"程序重用"。

在程序中引用子过程，首先要定义子过程，然后才能调用子过程。

1. 定义 Sub 过程

定义 Sub 过程的语句格式为：

［Public｜Private］［Static］Sub ＜子过程名＞（［＜参数表＞］）

　　＜局部变量或常数定义＞

　　＜语句序列＞

　　［Exit Sub］

　　＜语句序列＞

　　End Sub

功能：定义一个以＜子过程名＞为名的 Sub 过程，Sub 过程名不返回值，而是通过形参与实参的传递得到结果，调用时可得到多个参数值。

注意事项：

（1）＜子过程名＞的命名规则与变量名规则相同。

（2）＜参数表＞中的参数称为形参，表示形参的类型、个数、位置，定义时是无值的，只有在过程被调用时，实参传送给形参才能获得相应的值。

（3）＜参数表＞中可以有多个形参，它们之间要用逗号"，"隔开，每一个参数要按如下格式定义：

　　［ByVal｜ByRef］　变量名［（ ）］［As 类型］［，…］

其中，ByVal 表示当该过程被调用时，参数是按值传递的；默认或 ByRef 表示当该过程被调用时，参数是按地址传递的。

（4）Static、Private 定义的 Sub 过程为局部过程，只能在定义它的模块中被其他过程调用。

（5）Public 定义的 Sub 过程为公有过程，可被任何过程调用。

（6）Exit Sub 是退出 Sub 过程的语句，它常常是与选择结构（If 或 Select Case 语句）联用，即当满足一定条件时，退出 Sub 过程。

（7）过程可以无形式参数，但括号不能省略。

2. 创建 Sub 过程

Sub 过程是一个通用过程，它不属于任何一个事件过程，因此它不能在事件过程中建立，通常 Sub 过程是在标准模块中，或在窗体模块中建立的。

3. 调用 Sub 过程

调用 Sub 过程的语句格式如下：

　　　子过程名［＜参数表＞］

或

　　　Call 子过程名（［＜参数表＞］）

功能：调用一个已定义的 Sub 过程。

注意事项：

（1）参数表中的参数称为实参，它必须与形参保持个数相同，实参与对应的形参类型要一致。

（2）调用过程是把实参传递给对应的形参。其中，值传递（形参前有 ByVal 说明）时实参的值不随形参的值变化而改变；而地址传递（形参前有 ByRef 说明）时实参的值随形参值的改变而改变。

（3）当参数是数组时，形参与实参在参数声明时应省略其维数，但括号不能省略。

例 9.7：求任意个自然数之和的和 $S = 1 + (1+2) + (1+2+3) + (1+2+3+4) \cdots (1+2+3+4+\cdots+N)$（令 $N=45$），如图 9-17 所示。

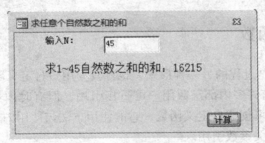

图 9-17　任意个自然数之和的和

操作步骤如下。

（1）设计窗体 Caption 属性为"用户名与密码检验"。

（2）设计 2 个标签、1 个文本框和 1 个命令按钮。

（3）打开"代码设计"窗口，输入程序代码。

定义窗体变量代码如下：

```
Dim i As Integer
Dim s As Single
Dim s1 As Integer
```

定义窗体过程代码如下：

```
Sub sum(m As Integer)
    Dim j As Integer
    s1 = 0
    For j = 1 To m
        s1 = s1 + j
    Next j
End Sub
```

Command1_Click( )事件代码如下：

```
Private Sub Command1_Click( )
s = 0
N = Val( Me. Text1 )
For i = 1 To N
    sum (i)
    s = s1 + s
Next i
Label1. Caption = "求 1 - " & Trim( Me. Text1 ) & "自然数之和的和:" & s
End Sub
```

（4）保存窗体，运行程序，结果如图 9-17 所示。

9.7 自定义函数

Function 过程是过程的另一种形式，也称其为用户自定义函数过程。在 Visual Basic 系统中，有许多内部函数用户可直接引用，但有时内部函数不能解决问题的需求时，用户可创建自定义函数，它的使用方法与使用内部函数一样，仍需要通过函数名和相关参数引用。

Function 过程与 Sub 过程不同的是 Function 过程将返回一个函数值。

1. 定义 Function 过程

定义 Function 过程的语句格式：

[Public | Private] [Static] Function < 函数名 > ([< 参数表 >]) [As < 类型 >]

<局部变量或常数定义>

<语句序列>

［Exit Function］

<语句序列>

函数名＝返回值

End Function

功能：定义一个以<函数名>为名称的 Function 过程，Function 过程通过形参与实参的传递得到结果，并返回一个函数值。

注意事项：

（1）<函数名>的命名规则与变量名规则相同，但它不能与系统的内部函数或其他通用过程同名，也不能与已定义的全局变量和本模块中同模块级变量同名。

（2）在函数体内部，<函数名>可以当变量使用，函数的返回值就是通过给<函数名>的赋值语句来实现的，在函数过程中至少要对函数名赋值一次。

（3）As <类型>是指函数返回值的类型，若省略，则函数返回变体类型值（Variant）。

（4）［Exit Function］是退出 Function 过程的语句，它常常是与选择结构（If 或 Select Case 语句）联用，即当满足一定条件时，退出 Function 过程。

（5）<参数表>中的形参的定义与 Sub 过程完全相同。

（6）Static、Private 定义的 Function 过程为局部过程，只能在定义它的模块中被其他过程调用。

（7）Public 定义的 Function 过程为公有过程，可被任何过程调用。

（8）过程可以无形式参数，但括号不能省略。

2. 创建 Function 过程

同 Sub 过程一样，Function 过程是一个通用过程，它不属于任何一个事件过程，因此它不能在事件过程中建立，Function 过程可在标准模块中或在窗体模块中建立。

3. 调用 Function 过程

调用 Function 过程的语句格式如下：

    函数名(<参数表>)

功能：调用一个已定义的 Function 过程。

注意事项：

（1）参数表中的参数称为实参，形参与实参传递与 Sub 过程相同。

（2）函数调用只能出现在表达式中，其功能是求得函数的返回值。

例 9.8：计算 P 的值 $\left(P = \dfrac{3!\ +5!}{7!} \right)$，如图 9-18 所示。

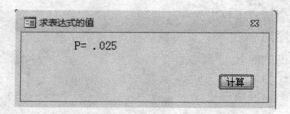

图 9-18 求表达式的值

操作步骤如下。

（1）设计窗体 Caption 属性为"用户名与密码检验"。

（2）设计 1 个标签和 1 个命令按钮。

（3）打开"代码设计"窗口，输入程序代码。

定义窗体函数代码如下：

```
Private Function fac(n As Integer) As Single
    Dim p As Long
    p = 1
    For i = 1 To n
        p = p * i
    Next i
    fac = p
End Function
```

Command1_Click( )事件代码如下：

```
Private Sub Command1_Click( )
    Label1. Caption = "     P = " & (fac(3) + fac(5)) / fac(7)
End Sub
```

（4）保存窗体，运行程序，结果如图 9-18 所示。

9.8 计算思维漫谈九：程序艺术

"数据处理"是靠一系列的命令来实现的，即通过计算机语言来描述程序。程序对于所要解决的问题，用一种算法和数据结构进行描述，其核心是算法。算法中的指令描述是一个计算，当其运行时能从一个初始状态开始，经过一系列有限而清晰定义的状态，最终产生输出并停止。当然一个状态到另一个状态的转移不一定是确定的。语言是人类交流中已经存在的表达方式，程序就是人与机器的对话，随着计算机程序的研究而逐步得到清晰化和准确化。设计程序就如同艺术家创作一样，要用语言把思想用程序表达出来。一个诗人曾说过，写程序与写诗相似，也是一种创作过程，且也是一句句表达，一行行书写。也有人说程序如人生，有始有终，在整个程序中有选择、循环，有环境、条件控制和制约走向。

"数据处理"程序本身的意义与价值被重视，原有世界的复杂意义被程序过滤得井井有条，而复杂性问题本身却日益被遗忘。许多科学家为解决给定的问题总结出了许多经典的算法，这些常用的算法潜移默化地应用在人们生活中的许多方面。

穷举法：列举出它的所有可能的情况，逐一判断有哪些是符合问题所要求的条件，从而得到问题的解，如四色定理、五家共井、密码破译等。

递归算法：是直接或间接调用自身的一个算法，可解决一些专门的问题，如阶乘、快速排序、德罗斯特效应等。

贪心算法：是根据题意选取一种量度标准，然后将多个输入排成量度标准所要求的顺序，按这种顺序一次输入一个量。一般情况下，要选出最优量度标准并不是一件容易的事，但对某问题能选择出最优量度标准后，用贪心算法求解则特别有效，如找零钱问题、背包问题、最佳浏览路线问题。

这样的例子还可以在计算机科学的其他方面找到很多，如并行处理、类型检查、分治算法、关注分离、冗余设计、容错纠错、度量折中和机器学习等。

本章知识点树

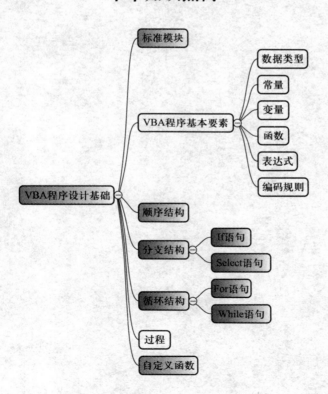

思 考 题

1. 在 VBA 中，变量类型有哪些，类型符是什么？
2. 在 VBA 中，有几种类型表达式？
3. 表达式是由哪些元素构成的？
4. 计算逻辑表达式值时要遵循什么优先顺序？
5. 什么是数组？
6. 建立过程的目的是什么？
7. Function 过程与 Sub 过程有什么不同？
8. 在程序中引用 Ubound( ) 和 Lbound( ) 函数有什么好处？
9. Split 函数和 Join 函数有什么不同，各自的作用是什么？
10. VBA 模块与宏有什么区别？

第 10 章 VBA 应用程序

学习程序设计，就是要解决实际的应用问题。本章结合 VBA 在数据库应用系统中的应用案例，介绍模块对象在数据库应用系统中的使用方法，主要介绍用 VBA 程序代码设计窗体的内容。

10.1 用户管理窗体的设计

例 10.1： 设计一个窗体（登录），用以限制用户使用系统的权限，如图 10-1 所示。

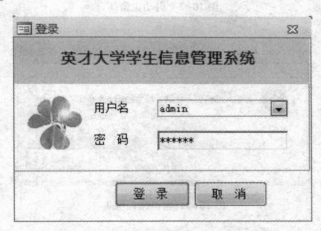

图 10-1 窗体（登录）

若用户名与密码正确，启动主窗体，如图 10-2 所示。

若用户名与密码错误，系统弹出错误警告对话框，如图 10-3 所示。

操作步骤如下。

（1）打开数据库。

（2）在"系统"窗口，打开"创建"选项卡，单击"窗体设计"按钮，进入"窗体设计"窗口。

（3）在"窗体设计"窗口，确定数据来源，或为窗体添加控件。

（4）在"属性"窗口，设计窗体或控件属性，窗体及主要控件的布局参照图 10-1 设计。

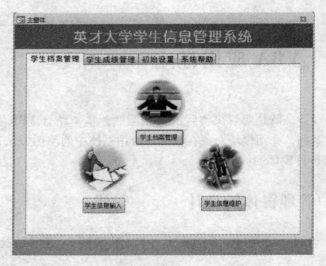

图 10-2 启动主窗体

图 10-3 密码错误警告

（5）在"属性"窗口，设计窗体及主要控件的属性参照表 10-1 设计。

表 10-1 "登录"窗体各控件属性及事件

对象	对象名	属性	事件
窗体	登录	标题：登录	无
		滚动条：两者均无	
		记录选择器：否	
		导航按钮：否	
		自动居中：是	
		边框样式：对话框边框	

续表

对象	对象名	属性		事件
图像	Img1	图片类型：嵌入		无
		缩放模式：拉伸		
		图片：C:\英才学校\1.JPG		
标签	LblUser	标题：用户名		无
	LblPwd	标题：密码		
	Lbl1	标题：英才大学学生信息管理系统		
命令按钮	CmdOk	标题：确定		Click
	CmdCancel	标题：取消		Click
组合框	CblUser	行来源：SELECT 用户表.用户名 FROM 用户表；		NotInList
		控件来源：用户名		
文本框	TxtPwd	输入掩码：密码		无

（6）在"代码"窗口，设计窗体或控件事件和方法代码。

定义窗体级函数（login）代码如下：

```
Public Function login( ) As Boolean    '判断用户输入的密码是否正确
    Dim RS As New ADODB. Recordset
    Dim StrSql As String
    StrSql = " select  *  from 用户表 where 用户名 ='" & Me. Cbouser
& "'"
     RS. Open StrSql, CurrentProject. Connection, adOpenStatic, adLock-
ReadOnly
    If RS. RecordCount > 0 Then
        If RS! 密码 = Me. TxtPwd Then
            login = True
        End If
    End If
    RS. Close
    Set RS = Nothing
End Function
```

CmdOk_Click( )事件代码如下：

```
Private Sub CmdOk_Click( )
```

```
            If IsNull( Me. Cbouser) Then
                    MsgBox "请输入您的用户名!", vbCritical
                    Exit Sub
            Else
                    Me. Cbouser. SetFocus
                    P_username = Me. Cbouser. Text
            End If
            If login = True Then    'login 函数登录判断
                    UserName = Me. Cbouser. Text
                    DoCmd. Close
                    DoCmd. OpenForm "主窗体"
            Else
                    MsgBox "您输入的密码不正确,请重新输入,仅 3 次!!!", vb-
Critical
                    Exit Sub
            End If
        End Sub
```

CmdCancel_Click( )事件代码如下:

```
        Private Sub CmdCancel_Click( )
        DoCmd. Quit acQuitSaveNone
        End Sub
```

CboUser_NotInList( )事件代码如下:

```
        Response = acDataErrContinue    '必须从组合框中选择用户名
        End Sub
```

（7）保存窗体，结束窗体的创建。

10.2　数据浏览窗体的设计

例 10.2：设计一个窗体（学生档案管理），用于表（学生）数据查询与浏览，其窗体可按学院、系、班级和学生为单位浏览，如图 10-4 所示。

操作步骤如下。

（1）打开数据库。

（2）打开"创建"选项卡，单击"窗体设计"按钮，进入"窗体设计"窗口。

（3）在"窗体设计"窗口，确定数据来源或为窗体添加控件。

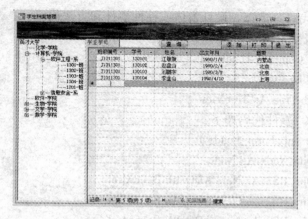

图 10-4 窗体（学生档案管理）

（4）在"属性"窗口，设计窗体或控件属性，窗体及主要控件的布局参照图 10-4 设计。

（5）在"属性"窗口，设计窗体及主要控件的属性参照表 10-2 设计。

表 10-2 "学生档案管理"窗体各控件属性及事件

对象	对象名	属性	事件
窗体	学生档案管理	标题：学生档案管理	Load
		滚动条：两者均无	
		记录选择器：否	
		导航按钮：否	
		自动居中：是	
		边框样式：对话框边框	
文本框	Txt1	可用：否	无
命令按钮	Cmdquery	标题：查询	Click
	CmdAdd	标题：添加	
	Cmdprint	标题：打印	
	Cmdquit	标题：退出	
树视图	Treeview	略	NodeClick
标签	Lbl1	标题：请输入生学号	无
子窗体	学生档案管理_子窗体	默认视图：数据表	无
		记录源：学院_系_班级_学生	

（6）在"代码"窗口，设计窗体或控件事件和方法代码。

定义窗体级变量代码如下：

```
Option Compare Database
Option Explicit
Dim ObjTree As TreeView
```

Form_Load( )事件代码如下：

```
Private Sub Form_Load( )
    Dim Nodx As Node
    Dim RS1 As New ADODB. Recordset
    Dim RS2 As New ADODB. Recordset
    Dim RS3 As New ADODB. Recordset
    Dim StrSql As String
    Dim i As Integer
    Dim Num1 As String
    Dim Num2 As String
    Set ObjTree = Me. TreeView. Object
    ObjTree. Nodes. Clear
    Set Nodx = ObjTree. Nodes. Add（, , "英才大学", "英才大学"）
'添加顶级节点
    StrSql = "select * from 学院"
    RS1. Open StrSql, CurrentProject. Connection, adOpenStatic, adLock-
Optimistic '打开学院表
    Do While Not RS1. EOF '添加院级节点
    Set Nodx = ObjTree. Nodes. Add（"英才大学", tvwChild, RS1！学院
编号, Trim（RS1！学院名称）+" -学院"）
    Num1 = RS1！学院编号
    StrSql = "select * from 系 where 学院编号 ='" & Num1 & "'"
    RS2. Open StrSql, CurrentProject. Connection, adOpenStatic, adLock-
Optimistic '打开系表
    Do While Not RS2. EOF '添加系级节点
        Set Nodx = ObjTree. Nodes. Add（Num1, tvwChild, RS2！系编号,
Trim（RS2！系名称）+" -系"）
        Num2 = RS2！系编号
        StrSql = "select * from 班级 where 系编号 ='" & Num2 & "'"
        RS3. Open StrSql, CurrentProject. Connection, adOpenStatic, ad-
```

```
        LockOptimistic '打开班级表
                Do While Not RS3. EOF '添加班级节点
                        Set Nodx = ObjTree. Nodes. Add(Num2, tvwChild, RS3! 班
级编号, Trim(RS3! 班级名称) + " - 班")
                    RS3. MoveNext
                Loop
                RS3. Close
                RS2. MoveNext
            Loop
            RS2. Close
            RS1. MoveNext
        Loop
        RS1. Close
        Set RS1 = Nothing
        Set RS2 = Nothing
        Set RS3 = Nothing
        ObjTree. Nodes(1). Expanded = True      '将节点展开
    End Sub
```

Cmdquery_Click( )事件代码如下：

```
    Private Sub Cmdquery_Click( )
        Dim RS As New ADODB. Recordset
        Dim StrSql As String
        Me. Txt1. SetFocus
        StrSql = " select  *  from 学院_系_班级_学生 where 学号 ='" &
Me. Txt1. Text & "'"
        RS. Open StrSql, CurrentProject. Connection, adOpenStatic, adLockOp-
timistic
        Me. 学生档案管理_子窗体. Form. RecordSource = StrSql
        RS. Close
        Set RS = Nothing
    End Sub
```

CmdAdd_Click( )事件代码如下：

```
    Private Sub CmdAdd_Click( )
        DoCmd. OpenForm "学生信息输入"
    End Sub
```

Cmdprint_Click( )事件代码如下：

Private Sub Cmdprint_Click( )

　　　　DoCmd. OpenReport "学生基本信息"，acViewPreview

End Sub

Cmdquit_Click( )事件代码如下：

Private Sub Cmdquit_Click( )

　　　　DoCmd. Close acForm，"学生档案管理"

End Sub

（7）保存窗体，结束窗体的创建。

10.3　数据维护窗体的设计

例 10.3：设计一个窗体（学生成绩输入），用以对表（成绩）进行数据维护，如图 10-5 所示。

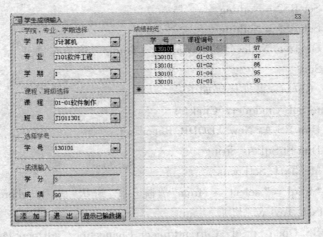

图 10-5　窗体（学生成绩输入）

操作步骤如下。

（1）打开数据库。

（2）在"系统"窗口，打开"创建"选项卡，单击"窗体设计"按钮，进入"窗体设计"窗口。

（3）在"窗体设计"窗口，确定数据来源或为窗体添加控件。

（4）在"属性"窗口，设计窗体或控件属性，窗体及主要控件的布局参照图 10-5 设计。

（5）在"属性"窗口，窗体及主要控件的属性参照表 10-3 设计。

表 10-3 "学生成绩输入"窗体各控件属性及事件

对象	对象名	属性	事件
窗体	学生成绩输入	标题：学生成绩输入	Load
		滚动条：两者均无	
		记录选择器：否	
		导航按钮：否	
		自动居中：是	
		边框样式：对话框边框	
矩形	Box1 ~ Box5	略	无
标签	LblTitle1	标题：成绩预览	无
	LblTitle2	标题：学院、专业、学期选择	
	LblTitle3	标题：课程、班级选择	
	LblTitle4	标题：选择学号	
	LblTitle5	标题：成绩输入	
	Lbl1	标题：学院	
	Lbl2	标题：专业	
	Lbl3	标题：学期	
	Lbl4	标题：课程	
	Lbl5	标题：班级	
	Lbl6	标题：学号	
	Lbl7	标题：学分	
	Lbl8	标题：成绩	
组合框	Cbo1	行来源：select 学院. 学院编号 + 学院. 学院名称 from 学院	After Update
	Cbo2	由 Cbo1 选择结果定	
	Cbo3	行来源：1;2;3;4;5;6;7;8	
	Cbo4	由 Cbo3 选择结果定	
	Cbo5	由 Cbo4 选择结果定	
	Cbo6	由 Cbo5 选择结果定	
文本框	Txt1	可用：否	无
	Txt2	可用：是	

续表

对象	对象名	属性	事件
命令按钮	Cmd1	标题：添加	Click
	Cmd2	标题：退出	Click
	Cmd3	标题：显示已输数据	Click
子窗体	学生成绩录入_子窗体	默认视图：数据表	无

（6）在"代码"窗口，设计窗体或控件事件和方法代码。

定义窗体级的变量代码如下：

```
Option Compare Database
```

Form_Load( )事件代码如下：

```
Private Sub Form_Load( )
    Me. 学生成绩录入_子窗体 . Form. RecordSource = "select * from 成
绩 where 学号 = '" & "'" '使列表中不显示任何数据
    Me. Cbo1. RowSource = "select 学院 . 学院编号 + 学院 . 学院名称
from 学院"   '生成学院列表
    End Sub
```

Cbo1_AfterUpdate( )事件代码如下：

```
Private Sub Cbo1_AfterUpdate( )
    Me. Cbo2. RowSource = "SELECT 系 . 系编号 + 系 . 系名称 FROM
系 where 学院编号 = '" & Left(Cbo1. Text, 1) & "'" '生系列表
    End Sub
```

Cbo2_AfterUpdate( )事件代码如下：

```
Private Sub Cbo2_AfterUpdate( )
    Me. Cbo5. RowSource = "select 班级 . 班级编号 from 班级 where 系编
号 = '" & Left(Cbo2. Text, 4) & "'"
    End Sub
```

Cbo3_AfterUpdate( )事件代码如下：

```
Private Sub Cbo3_AfterUpdate( )
    Me. Cbo4. RowSource = "select 课程 . 课程编号 + 课程 . 课程名 from
课程 where 学期 = " & Cbo3. Text
    End Sub
```

Cbo4_AfterUpdate( )事件代码如下：

```
Private Sub Cbo4_AfterUpdate()
    Dim RS As New ADODB. Recordset
    StrSql = " select 课程 . 学分 from 课程 where 课程编号 = '" & Left
(Cbo4. Text, 5) & "'"
    RS. Open StrSql, CurrentProject. Connection, adOpenStatic, adLockOp-
timistic '打开课程表
    Me. Txt1. Value = RS! 学分
    RS. Close
    Set RS = Nothing
End Sub
```

Cbo5_AfterUpdate() 事件代码如下：

```
Private Sub Cbo5_AfterUpdate()
    Me. Cbo6. RowSource = " select 学生 . 学号 from 学生 where 班级编号
= '" & Cbo5. Text & "'"
End Sub
```

Cmd1_Click() 事件代码如下：

```
Private Sub Cmd1_Click()
    Dim RS As New ADODB. Recordset
    RS. Open " 成绩 ", CurrentProject. Connection, adOpenStatic, adLock-
Optimistic '打开成绩表
    If IsNull(Me. Cbo1. Value) Then
        MsgBox " 请选择学生所在学院！！！", vbOKOnly + vbInformation,
" 提示"
        Me. Cbo1. SetFocus
        Exit Sub
    End If
    If IsNull(Me. Cbo2. Value) Then
        MsgBox " 请选择学生所在系！！！", vbOKOnly + vbInformation,
" 提示"
        Me. Cbo2. SetFocus
        Exit Sub
    End If
    If IsNull(Me. Cbo3. Value) Then
        MsgBox " 请选择学期！！！", vbOKOnly + vbInformation, " 提示"
        Me. Cbo3. SetFocus
```

```
                    Exit Sub
                End If
            If IsNull(Me. Cbo4. Value) Then
                MsgBox "请选择课程!!!", vbOKOnly + vbInformation, "提示"
                Me. Cbo4. SetFocus
                    Exit Sub
            End If
            If IsNull(Me. Cbo5. Value) Then
                MsgBox "请选择班级!!!", vbOKOnly + vbInformation, "提示"
                Me. Cbo5. SetFocus
                    Exit Sub
            End If
            If IsNull(Me. Cbo6. Value) Then
                MsgBox "请选择学号!!!", vbOKOnly + vbInformation, "提示"
                Me. Cbo6. SetFocus
                    Exit Sub
            End If
            If IsNull(Me. Txt2. Value) Then
                MsgBox "请输入成绩!!!", vbOKOnly + vbInformation, "提示"
                Me. Txt2. SetFocus
                    Exit Sub
            End If
            RS. AddNew
            RS! 学号 = Me. Cbo6. Value
            RS! 课程编号 = Left(Me. Cbo4. Value, 5)
            RS! 成绩 = Val(Me. Txt2. Value)
            RS. Update
            RS. Close
            Set RS = Nothing
            Me. 学生成绩录入_子窗体. Form. RecordSource = "select * from 成
        绩 where 学号 ='" & Cbo6. Value & "'"
            End Sub
        Cmd2_Click()事件代码如下:
            Private Sub Cmd2_Click()
                DoCmd. Close acForm, "学生成绩录入"
```

End Sub

Cmd3_Click( )事件代码如下：

Private Sub Cmd3_Click( )

  Me. 学生成绩录入_子窗体 . Form. RecordSource = " select ＊ from 成绩 " '在列表中显示已输入学生的成绩

  End Sub

（7）保存窗体，结束窗体的创建。

10.4 数据查询窗体的设计

例 **10.4**：设计一个窗体（学生成绩查询），用以检索表（成绩）的数据，如图 10-6 所示。

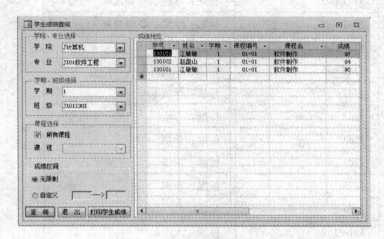

图 10-6 窗体（学生成绩查询）

操作步骤如下。

（1）打开数据库。

（2）在"系统"窗口，打开"创建"选项卡，单击"窗体设计"按钮，进入"窗体设计"窗口。

（3）在"窗体设计"窗口，确定数据来源，或为窗体添加控件。

（4）在"属性"窗口，设计窗体或控件属性，窗体及主要控件的布局参照图 10-6 设计。

（5）在"属性"窗口，窗体及主要控件的属性参照表 10-4 设计。

表 10-4　"学生成绩查询"窗体各控件属性及事件

对象	对象名	属性	事件
窗体	学生成绩查询	标题：学生成绩查询	Load
		滚动条：两者均无	
		记录选择器：否	
		导航按钮：否	
		自动居中：是	
		边框样式：对话框边框	
矩形	Box1 ~ Box5	略	无
标签	LblTitle1	标题：成绩预览	无
	LblTitle2	标题：学院、专业选择	
	LblTitle3	标题：学期、班级选择	
	LblTitle4	标题：课程选择	
	LblTitle5	标题：成绩区间	
	Lbl1	标题：学院	
	Lbl2	标题：专业	
	Lbl3	标题：学期	
	Lbl4	标题：班级	
	Lbl5	标题：课程	
	Lbl6	标题：--->	
	Label1	标题：无限制	
	Label2	标题：自定义	
	Label3	标题：所有课程	
组合框	Cbo1	行来源：select 学院 . 学院编号 + 学院 . 学院名称 from 学院	AfterUpdate
	Cbo2	由 Cbo1 选择结果定	
	Cbo3	行来源：1；2；3；4；5；6；7；8	
	Cbo4	由 Cbo3 选择结果定	
选项组	Frame1	略	AfterUpdate
复选框	Chk1	可用：真	Click

续表

对象	对象名	属性	事件
文本框	Txt1	可用：否	无
	Txt2	可用：否	
命令按钮	Cmd1	标题：查询	Click
	Cmd2	标题：退出	Click
	Cmd3	标题：打印学生成绩	Click
子窗体	学生成绩查询_子窗体	默认视图：数据表	无

（6）在"代码"窗口，设计窗体或控件事件和方法代码。

定义窗体级的变量代码如下：

Option Compare Database

Form_Load( )事件代码如下：

Private Sub Form_Load( )

Me. 学生成绩查询_子窗体 . Form. RecordSource = " select ＊ from 学院_系_班级_学生_课程_成绩 where 学号 = '" & "'" '使列表中不显示任何数据

Me. Cbo1. RowSource = " select 学院 . 学院编号 ＋ 学院 . 学院名称 from 学院" '生成学院列表

Frame1. Value = −1 '使"成绩区间"为"无限制"

End Sub

Cbo1_AfterUpdate( )事件代码如下：

Private Sub Cbo1_AfterUpdate( )

Me. Cbo2. RowSource = " SELECT 系 . 系编号 ＋ 系 . 系名称 FROM 系 where 学院编号 = '" & Left(Cbo1. Value, 1) & "'" '生系列表

End Sub

Cbo2_AfterUpdate( )事件代码如下：

Private Sub Cbo2_AfterUpdate( )

Me. Cbo4. RowSource = " select 班级 . 班级编号 from 班级 where 系编号 = '" & Left(Cbo2. Value, 4) & "'"

End Sub

Cbo3_AfterUpdate( )事件代码如下：

Private Sub Cbo3_AfterUpdate( )

Me. Cbo5. RowSource = " select 课程 . 课程编号 ＋课程 . 课程名 from

課程 where 学期 = " & Cbo3. Value

End Sub

Chk1_Click( )事件代码如下：

```
Private Sub Chk1_Click( )
    If Chk1. Value = - 1 Then
        Cbo5. Enabled = False
    Else
        Cbo5. Enabled = True
        Cbo5. SetFocus
    End If
End Sub
```

Cmd1_Click( )事件代码如下：

```
Private Sub Cmd1_Click( )
    Dim StrSql As String '存放查询语句
    If IsNull( Cbo1. Value) Then
        MsgBox "请选择学生所在学院!!!", vbOKOnly + vbInformation,
"提示"
        Cbo1. SetFocus
        Exit Sub
    Else
        StrSql = "where 学院编号 ='" & Left( Cbo1. Value, 1) & "'"
        If Not IsNull( Cbo2. Value) Then
            StrSql = StrSql & " and 系编号 ='" & Left( Cbo2. Value, 4)
& "'"
        End If
        If Not IsNull( Cbo3. Value) Then
            StrSql = StrSql & " and 学期 = " & Cbo3. Value
        End If
        If Not IsNull( Cbo4. Value) Then
            StrSql = StrSql & " and 班级编号 ='" & Cbo4. Value & "'"
        End If
        If Chk1. Value =0 Then '没有选择"所有课程"
            If IsNull( Cbo5. Value) Then
                StrSql = StrSql & " and 课程编号 ='" & Left( Cbo5, 4)
& "'"
```

```
                    End If
              End If
        If Frame1. Value = 0 Then      '设置成绩区间
              If IsNull(Txt1. Value) Then
              MsgBox "请输入起始成绩!!!", vbOKOnly + vbInformation,
"提示"
                    Txt1. SetFocus
                    Exit Sub
              Else
                    If IsNull(Txt2. Value) Then
              MsgBox "请输入终止成绩!!!", vbOKOnly + vbInformation,
"提示"
                    Txt2. SetFocus
                    Exit Sub
              Else
        StrSql = StrSql & " and 成绩 >" & Txt1. Value & " and 成绩 < "
& Txt2. Value
                    End If
              End If
           End If
        End If
        StrSql = "select 学号,姓名,学期,课程编号,课程名,成绩 from 学院_
系_班级_学生_课程_成绩 " & StrSql
        Me. 学生成绩查询_子窗体. Form. RecordSource = StrSql
    End Sub
```

Cmd2_Click()事件代码如下:

```
    Private Sub Cmd2_Click()
        DoCmd. Close acForm, "学生成绩查询"
    End Sub
```

Cmd3_Click()事件代码如下:

```
    Private Sub Cmd3_Click()
        DoCmd. OpenReport "学生成绩单", acViewPreview
    End Sub
```

（7）保存窗体，结束窗体的创建。

10.5　系统控制窗体的设计

例 10.5：设计一个窗体（主窗体），用以控制系统的使用，如图 10-7 所示。

图 10-7　"学生档案管理"选项卡

打开"学生成绩管理"选项卡，如图 10-8 所示。

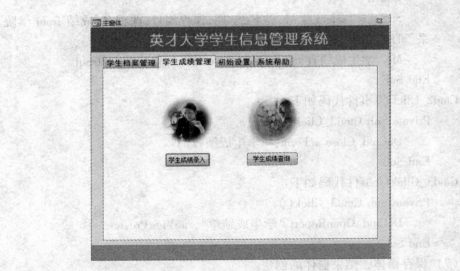

图 10-8　"学生成绩管理"选项卡

打开"初始设置"选项卡，如图 10-9 所示。

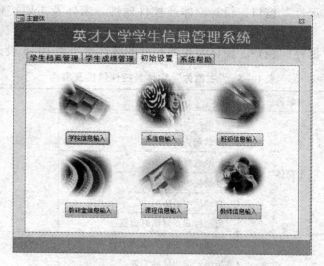

图 10-9 "初始设置"选项卡

打开"系统帮助"选项卡，如图 10-10 所示。

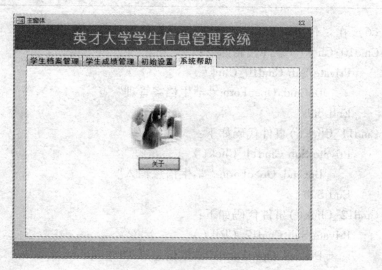

图 10-10 "系统帮助"选项卡

操作步骤如下。

（1）打开数据库。

（2）在"系统"窗口，打开"创建"选项卡，单击"窗体设计"按钮，进入"窗体设计"窗口。

（3）在"窗体设计"，为窗体添加控件。

（4）在"属性"窗口，设计窗体或控件属性，窗体及主要控件的布局参照图 10-7 设计。

（5）在"属性"窗口，窗体及主要控件的属性参照表 10-5 设计。

表 10-5 "主窗体"窗体各控件属性及事件

对象	对象名	属性	事件
窗体	主窗体	标题：主窗体	无
		滚动条：两者均无	
		记录选择器：否	
		导航按钮：否	
		自动居中：是	
		边框样式：对话框边框	
选项卡	optiongroup	标题：学生档案管理	无
		标题：学生成绩管理	
		标题：初始设置	
		标题：系统帮助	

（6）在"代码"窗口，设计窗体或控件事件和方法代码。

Cmd10_Click( )事件代码如下：

```
Private Sub Cmd10_Click()
    DoCmd. OpenForm "学生档案管理"
End Sub
```

Cmd11_Click( )事件代码如下：

```
Private Sub Cmd11_Click()
    DoCmd. OpenForm "学生信息输入"
End Sub
```

Cmd12_Click( )事件代码如下：

```
Private Sub Cmd12_Click()
    DoCmd. OpenForm "学生信息维护"
End Sub
```

Cmd20_Click( )事件代码如下：

```
Private Sub Cmd20_Click()
    DoCmd. OpenForm "学生成绩录入"
End Sub
```

Cmd21_Click( )事件代码如下：

```
Private Sub Cmd21_Click( )
    DoCmd. OpenForm "学生成绩查询"
End Sub
```

Cmd30_Click( )事件代码如下：

```
Private Sub Cmd30_Click( )
    DoCmd. OpenForm "学院信息输入"
End Sub
```

Cmd31_Click( )事件代码如下：

```
Private Sub Cmd31_Click( )
    DoCmd. OpenForm "系信息输入"
End Sub
```

Cmd32_Click( )事件代码如下：

```
Private Sub Cmd32_Click( )
    DoCmd. OpenForm "班级信息输入"
End Sub
```

微视频 10-1：
Access 应用系统
案例

Cmd33_Click( )事件代码如下：

```
Private Sub Cmd33_Click( )
    DoCmd. OpenForm "教研室信息输入"
End Sub
```

Cmd3_Click( )事件代码如下：

```
Private Sub Cmd34_Click( )
    DoCmd. OpenForm "课程信息输入"
End Sub
```

微视频 10-2：
SQL Server 应用
系统案例

Cmd35_Click( )事件代码如下：

```
Private Sub Cmd35_Click( )
    DoCmd. OpenForm "教师信息输入"
End Sub
```

Cmd40_Click( )事件代码如下：

```
Private Sub Cmd40_Click( )
    DoCmd. OpenForm "关于"
End Sub
```

微视频 10-3：
VFP 应用系统
案例

（7）保存窗体，结束窗体的创建。

10.6　计算思维漫谈十：系统构造

　　数据库应用系统程序及传输手段可以筛选和过滤各种信息。一切社会资源与自然资源，通过规则、口令、符号的数字加工，可以塑造出一个数字化的社会，一个被数字控制的世界。信息化奇快的速度的确让人应接不暇。

　　数据库应用系统有一整套形式语言理论、编译理论、检验理论以及优化理论，这些理论和技术都是计算思维中的核心概念。一方面让开发能够去展示科学中的计算之美，实现一种自我表达，增强对科学和美的热爱；另一方面，让用户能够有机会看到和感受到这个数字世界，去亲身体验、观察数字世界之美。如借助"阿威塔"软件程序，可演练 DNA 突变，每一个生物都能在几秒钟之内复制出好几万个，在显示器上看到潮水般涌现的一组组数字，清楚地观察它们从生到死的生命过程。

　　数字处理技术的发展，大数字时代的到来，扩大了人们的人生舞台，每个人都可以在这个舞台上表演自己的人生，这其中计算思维是难能可贵的要素。

　　程序即人生，设计即思想，愿人们用"计算思维"的能力书写精彩人生。

本章知识点树

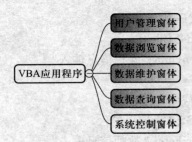

思　考　题

1. 叙述常用窗体的类型。
2. 叙述数据浏览窗体应具有的功能。
3. 叙述数据查询窗体应具有的功能。
4. 叙述 Function 在窗体中的作用。
5. 叙述 Sub 在窗体中的作用。

参 考 文 献

［1］萨师煊，王珊. 数据库系统概论［M］. 4 版. 北京：高等教育出版社，2009.

［2］Hector Garcia – Molina，et al. 数据库系统全书［M］. 岳丽华，等译. 北京：机械工业出版社，1998.

［3］Thomas Connolly Carolyn Begg，et al. 数据库系统［M］. 3 版. 宁洪，等译. 北京：电子工业出版社，2004.

［4］李雁翎. 数据库技术及应用（Access）经典案例集［M］. 北京：高等教育出版社，2011.

［5］李雁翎. Access 2003 数据库技术与应用［M］. 3 版. 北京：高等教育出版社，2012.

［6］李雁翎. Visual FoxPro 应用基础与面向对象程序设计教程［M］. 3 版. 北京：高等教育出版社，2010.

［7］李雁翎. 数据库技术及应用——SQL Server 数据库系统基础［M］. 北京：高等教育出版社，2007.